JN296775

電気電子工学シリーズ 7

[編集] 岡田龍雄　都甲 潔　二宮 保　宮尾正信

集積回路工学

浅野種正 [著]

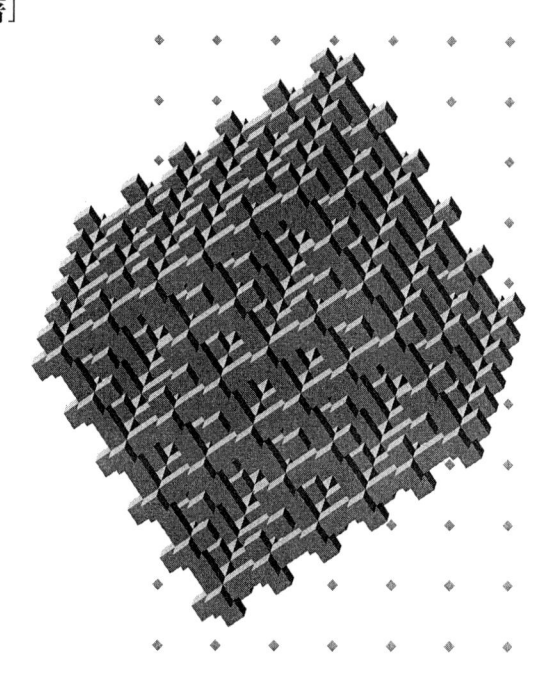

朝倉書店

〈電気電子工学シリーズ〉
シリーズ編集委員

岡田 龍雄	九州大学大学院システム情報科学研究院・教授
都甲　潔	九州大学大学院システム情報科学研究院・教授
二宮　保	九州大学名誉教授
宮尾 正信	九州大学大学院システム情報科学研究院・教授

執筆者

浅野 種正	九州大学大学院システム情報科学研究院・教授

まえがき

　情報端末，家庭電化製品，IC カードなどの応用製品は，集積回路の重要性を示す代表的なものです．製品価格に占める半導体デバイスの価格割合は，民生，産業応用にかかわらず，過去 20 余年にわたり上昇し続けているという統計があります．半導体デバイスの大部分は集積回路ですから，この統計は集積回路の価値が向上し続けていることを示しています．基礎部品の一つである半導体デバイスの価値がこのように向上するのは，集積回路技術を応用することによって，それらが単なる部品ではなく，一つの集積電子システムと呼べるほどの機能を実現するのに成功しているからでしょう．

　本書は，大学や高等専門学校において，集積回路を初めて学ぶ電気電子工学および情報工学，ならびに関連する学科の学生の皆さんを主な読者に想定して執筆しました．電気電子工学を専攻する皆さんには半導体を利用してどのように電子システムを作っていくのかという視点で，一方，情報工学を専攻する皆さんにはシステムの構成要素が半導体の電子機能を使ってどのように作られるのかという視点で学んでもらうと良いと思っています．専攻する分野によって，本書のどの部分を重点的に学ぶかを決めて読み進めてもらうのも有効と思っています．

　半導体から回路，システム構成要素までのつながりを重視して，本書では，デバイス技術については相補型 MOS (CMOS) に焦点を絞ることにしました．記述の過不足や著者の不勉強による誤りがあることを恐れますが，本書によって集積回路技術の体系を理解し，個々の技術については後でそれぞれの専門書に進んでほしいと思っています．

　一方，本書は，すでに集積回路やシステムの設計，製造に携わっておられる方々に，ご自身の知識を整理し，集積回路技術全体について改めて見直してい

ただくためにも役立つものと信じています．これは，筆者が，大学で実施するセミナー等でこれまで多くの社会人の方々と接してきた経験を踏まえて申し上げています．

　コンピュータとネットワークによるサイバー空間の創造と発達とともに発展してきた集積回路は，私たちの生活空間である実空間，実環境での利用の拡大とあいまって，その価値をますます高めつつあります．皆さんが新しい価値を創るために本書が役立つことを願っています．

　本書執筆の機会をつくってくださった岡田龍雄教授，都甲潔教授，二宮保教授，宮尾正信教授に感謝します．また，原稿を読み，意見を寄せてくれた高下・首藤・仲前・野々口の大学院生諸君にお礼申し上げます．最後に，出版にご助力いただいた朝倉書店編集部の方々に感謝申し上げます．

2011年3月

浅 野 種 正

目　　次

1. **集積回路とトランジスタ** ……………………………………… 1
   1.1 個別素子と集積回路 ………………………………………… 1
   1.2 集積回路の分類 ……………………………………………… 1
   1.3 ディジタル情報の伝達とトランジスタの役割 …………… 3
   1.4 CMOS …………………………………………………………… 5
   1.5 アナログ集積回路におけるトランジスタの役割 ………… 6
   1.6 集積回路の必然性 …………………………………………… 7
   演 習 問 題 ……………………………………………………… 8

2. **半導体の性質とダイオード** …………………………………… 9
   2.1 半導体の電気伝導性 ………………………………………… 9
   2.2 自由電子と正孔 ……………………………………………… 10
   2.3 エネルギーバンドによる表現 ……………………………… 12
   2.4 n型半導体とp型半導体 …………………………………… 13
     2.4.1 n型半導体 …………………………………………… 13
     2.4.2 p型半導体 …………………………………………… 15
     2.4.3 ドナーとアクセプタが共存する場合 ……………… 16
   2.5 フェルミ準位とキャリヤ密度 ……………………………… 16
   2.6 pn 接 合 ……………………………………………………… 17
   2.7 pn 接合の機能と等価回路 ………………………………… 18
     2.7.1 ダイオード …………………………………………… 18
     2.7.2 空 乏 層 ……………………………………………… 20
     2.7.3 等 価 回 路 …………………………………………… 21

目 次

- 2.8 半導体素子の解析に用いる基本式 ………………………… 21
  - 2.8.1 電流の式 ……………………………………………… 22
  - 2.8.2 連続の式 ……………………………………………… 22
  - 2.8.3 ポアソン方程式 ……………………………………… 23
- 演習問題 …………………………………………………………… 24

3. MOSFET の動作原理 …………………………………………… 25
- 3.1 MOSFET の構造 ……………………………………………… 25
- 3.2 MOSFET の動作原理 ………………………………………… 26
- 3.3 エネルギーバンドによるチャネル形成の理解 …………… 27
- 3.4 しきい電圧 V_T ……………………………………………… 29
- 3.5 しきい電圧の制御—チャネルドーピング— ……………… 32
- 3.6 MOSFET の電流–電圧特性 ………………………………… 33
- 3.7 トランジスタ設計の考え方 ………………………………… 36
- 3.8 MOSFET の分類 ……………………………………………… 36
- 3.9 素子間分離 …………………………………………………… 38
- 3.10 バイポーラトランジスタ …………………………………… 38
- 演習問題 …………………………………………………………… 40

4. CMOS の製造プロセス ………………………………………… 42
- 4.1 CMOS の製造プロセス ……………………………………… 42
- 4.2 集積回路設計の流れ ………………………………………… 50
- 演習問題 …………………………………………………………… 53

5. MOSFET のモデリング ………………………………………… 55
- 5.1 電圧制御電流源 ……………………………………………… 55
- 5.2 MOSFET の小信号モデル …………………………………… 56
- 5.3 小信号モデルの詳細 ………………………………………… 58
- 5.4 伝達コンダクタンス ………………………………………… 58
- 5.5 ソース, ドレイン部分の抵抗 ……………………………… 59

5.6　実効チャネル長 ………………………………………… 60
　　5.7　基板バイアス効果 (ボディ効果) ……………………… 61
　　5.8　チャネル長変調効果 …………………………………… 63
　　5.9　ゲート入力容量 C_{GS} …………………………………… 63
　　5.10　周波数特性 ……………………………………………… 65
　　演習問題 ……………………………………………………… 66

6. CMOS インバータの特性 ……………………………… 68
　　6.1　伝達特性の求め方 ……………………………………… 68
　　6.2　インバータの設計指針 ………………………………… 70
　　6.3　CMOS インバータの伝達特性 ………………………… 71
　　6.4　スイッチング特性 ……………………………………… 72
　　6.5　バッファ ………………………………………………… 76
　　6.6　インバータ回路の消費電力 …………………………… 76
　　6.7　スケーリング則 ………………………………………… 77
　　6.8　ラッチアップ …………………………………………… 79
　　演習問題 ……………………………………………………… 80

7. ディジタル論理回路 ……………………………………… 81
　　7.1　NAND 回路 ……………………………………………… 81
　　7.2　NOR 回路 ………………………………………………… 83
　　7.3　排他的論理和 EXOR 回路 ……………………………… 84
　　7.4　多入力ゲート …………………………………………… 85
　　7.5　複合論理ゲート ………………………………………… 86
　　7.6　伝達ゲート ……………………………………………… 88
　　7.7　D ラッチ回路と D フリップ・フロップ …………… 90
　　演習問題 ……………………………………………………… 92

8. メモリー …………………………………………………… 94
　　8.1　メモリー LSI の基本構成 ……………………………… 94

8.2 デコーダ回路 96
8.3 メモリーLSIの分類 97
8.4 SRAM 98
8.5 DRAM 99
8.6 フラッシュメモリー 101
　8.6.1 スタックドゲートトランジスタ 101
　8.6.2 NOR型フラッシュメモリー 104
　8.6.3 NAND型フラッシュメモリー 105
8.7 強誘電体メモリー (FeRAM) 106
8.8 ROM 108
演習問題 108

9. アナログ集積回路 110
9.1 基本的な増幅回路 110
　9.1.1 ソース接地増幅回路 110
　9.1.2 ゲート接地増幅回路 112
　9.1.3 ドレイン接地増幅回路 113
　9.1.4 MOSFET負荷 114
9.2 差動増幅回路 114
　9.2.1 信号増幅動作 115
　9.2.2 同相除去比 CMRR 118
9.3 電流ミラー回路 119
9.4 演算増幅器 (OPアンプ) 122
9.5 温度補償の考え方 123
　9.5.1 抵　　抗 124
　9.5.2 ダイオードの立ち上がり電圧 124
　9.5.3 温度補償の例 125
9.6 アナログ回路素子 128
　9.6.1 pn接合ダイオード 128
　9.6.2 レイアウト 128

演習問題 ……………………………………………… 130

10. アナログ–ディジタル変換 …………………………… 131
10.1 A–D 変換器 …………………………………… 131
10.1.1 A–D 変換の原理 ……………………………… 131
10.1.2 フラッシュ型 A–D 変換器 …………………… 132
10.1.3 逐次比較型 A–D 変換器 ……………………… 135
10.2 D–A 変換器 …………………………………… 136
10.2.1 D–A 変換器の原理 …………………………… 136
10.2.2 容量列型 D–A 変換器 ………………………… 136
10.2.3 R–2R 型 D–A 変換器 ………………………… 137
演習問題 ……………………………………………… 140

11. イメージセンサー ……………………………………… 141
11.1 光電変換 ………………………………………… 142
11.2 CCD イメージセンサー ……………………… 143
11.2.1 MOS 構造の時間応答 ………………………… 143
11.2.2 CCD の動作 …………………………………… 144
11.2.3 CCD イメージセンサーの構成 ……………… 145
11.3 CMOS イメージセンサー …………………… 146
11.3.1 CMOS イメージセンサーの構成 …………… 146
11.3.2 画素回路とその動作 …………………………… 146
11.3.3 CDS ……………………………………………… 148
11.3.4 システムオンチップ …………………………… 149
演習問題 ……………………………………………… 150

参 考 図 書 …………………………………………………… 151
問および演習問題の解答 …………………………………… 152
索　　　引 …………………………………………………… 161

物理定数と関連数値

物理量	記号	数値
電気素量	q	1.602×10^{-19} [C]
電子の静止質量	m_e	9.109×10^{-31} [kg]
ボルツマン定数	k	1.381×10^{-23} [J/K]
プランク定数	h	6.626×10^{-34} [J·s]
アボガドロ定数	N_{AV}	6.022×10^{23} [/mol]
真空中の誘電率	ε_0	8.854×10^{-12} [F/m]
Si の比誘電率	ε_S	11.7
SiO$_2$ の比誘電率	ε_{OX}	3.9
真空中の光速	c	2.998×10^8 [m/s]
300 [K] の熱電圧	kT/q	0.0259 [V]

記号一覧

記号	説明	単位	記号	説明	単位
半導体と pn 接合ダイオード			ε_{OX}	SiO$_2$ の比誘電率	
ε_s	半導体の比誘電率		Q_I	単位面積当たりのチャネル電荷密度	C/m^2
E_f	フェルミ準位	eV	V_{Tn}	n チャネル MOSFET のしきい電圧	V
E_i	真性半導体のフェルミ準位	eV	V_{Tp}	p チャネル MOSFET のしきい電圧	V
E_C	伝導帯下端のエネルギー	eV	N_I	チャネルドープ量	m^{-2}
E_V	価電子帯上端のエネルギー	eV	L	チャネル長	m
E_G	禁止帯幅 (エネルギーギャップ)	eV	W	チャネル幅	m
n	自由電子密度	m^{-3}	g_m	伝達コンダクタンス	A/V
N_D	ドナー密度	m^{-3}	r_D	出力抵抗	Ω
p	正孔密度	m^{-3}	C_{GS}	ゲート/ソース間容量	F
N_A	アクセプタ密度	m^{-3}	C_{GD}	ゲート/ドレイン間容量	F
n_i	真性半導体のキャリヤ密度	m^{-3}	R_s	ソース寄生抵抗	Ω
μ_n	自由電子の移動度	m^2/Vs	β_n	n チャネル MOSFET の電流駆動力	A/V^2
μ_p	正孔の移動度	m^2/Vs	β_p	p チャネル MOSFET の電流駆動力	A/V^2
D_n	自由電子の拡散係数	m^2/s	γ	基板バイアス係数 (ボディ効果係数)	$\sqrt{V}$
D_p	正孔の拡散係数	m^2/s	λ	チャネル長変調係数	A/V
$R_\square$	シート抵抗	Ω	**インバータ**		
σ	導電率	S/m	V_{DD}	電源電圧	V
ρ	抵抗率	Ωm	V_{OH}	出力電圧の最大値	V
Φ_D	拡散電位	V	V_{OL}	出力電圧の最小値	V
V_d	ダイオードの立ち上がり電圧	V	V_C	論理しきい値	V
MOSFET			NM_L	Low 側雑音余裕	V
V_{GS}	ゲート/ソース間電圧	V	NM_H	High 側雑音余裕	V
V_{DS}	ドレイン/ソース間電圧	V	τ_{ON}	入力 Low→High のときの応答時間	s
C_{OX}	単位面積当たりのゲート酸化膜容量	F/m^2	τ_{OFF}	入力 High→Low のときの応答時間	s
t_{OX}	ゲート酸化膜の厚さ	m			

1. 集積回路とトランジスタ

1.1 個別素子と集積回路

トランジスタ (transistor)，キャパシタ，抵抗器，インダクタなど，回路を構成する要素を回路素子，あるいは単に素子と呼びます．素子ごとに部品化したものを個別部品といいます．一つの半導体個片に一つのトランジスタを作り，それをパッケージに収納したものを個別半導体素子 (discrete semiconductor device) といいます．

一方，多数の素子とそれらを相互に接続する配線を一つの半導体個片に作りこみ，パッケージに収納したものを集積回路 (integrated circuit) と呼びます．半導体個片を集積回路チップ，または単にチップ (chip) と呼びます．

集積回路と個別部品をプリント基板上に配置し，基板上の配線によって相互に電気接続して電子システムを作製します．例えばパーソナルコンピュータのマザーボードと呼ばれるものがそれにあたります．電子システムを作るのに個別部品は欠かせませんが，その機能を決定付けるのはシステム内の素子のほとんどを内蔵する集積回路です．

1.2 集積回路の分類

チップは，小さいものでは1辺が1[mm] 以下のものもあれば，大きいものでは1辺が20[mm] を越えるものもあります．集積回路は，機能によって表1.1のように分類できます．二値論理を使って情報処理を行う機能をもつものをディジタル集積回路，アナログ信号の増幅やフィルターなどの機能をもつものをアナログ集積回路と呼んで区別します．システムLSIはディジタル集積回路のも

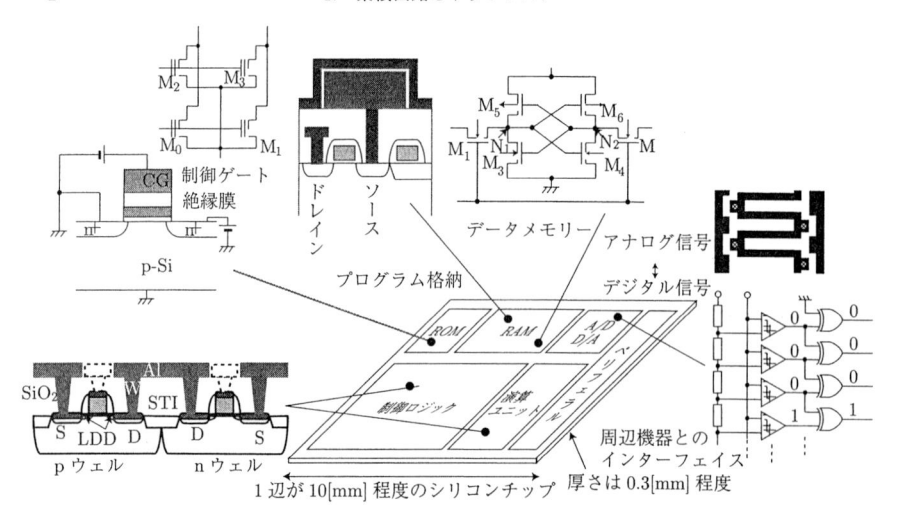

図 1.1 システム LSI を例とした集積回路の概念図

多数の素子が一つの半導体チップ内に搭載され，個別部品の組み合わせだけでは不可能な機能，性能を作りだすことができる．

表 1.1 集積回路 (integrated circuit) の機能による分類

ディジタル集積回路	マイクロプロセッサー
	メモリー
	論理ゲート IC
	FPGA (field programmable gate array)
	PLD (programmable logic device) など
アナログ集積回路	A–D 変換器・D–A 変換器
	演算増幅器 (OP アンプ)
	フィルター
	集積化センサー など
システム LSI	ディジタル・アナログ回路などを集積，高機能化

つ演算処理やメモリーなどの機能とアナログ集積回路のもつ機能を一つのチップ内に集積したものであり，性能は高度ですが設計，製造に多くの負担を要します．

集積回路は，回路内に集積されているトランジスタの数によって分類した表 1.2 のような呼び方もあります．これらの区分は厳密なものではありません．例えば，現在の先端技術で製造される集積回路は ULSI に分類されますが，実際には LSI と呼んでしまうのが一般的です．集積回路に関連する技術は，より多

表 1.2 集積回路の集積規模 (トランジスタ数) による分類

呼び名	トランジスタ数		
SSI (small scale integration)	2	～	100
MSI (medium scale integration)	100	～	1 k
LSI (large scale integration)	1 k	～	100 k
VLSI (very large scale integration)	100 k	～	10 M
ULSI (ultra large scale integration)	10 M	～	1 G
GSI (giga scale integration)	1 G	～	

1 k (キロ)=10^3, 1 M (メガ)=10^6, 1 G (ギガ)=10^9

くのトランジスタを一つのチップ内に集積化する方向で発展してきました．いまもたゆまぬ技術開発が続けられています．

1.3 ディジタル情報の伝達とトランジスタの役割

チップ内の素子数といったときの素子とは，実際にはトランジスタのことを指します．では，集積回路内でトランジスタはおよそどのような役目を果たしているのでしょうか．それを理解するために，まずディジタル情報の伝送原理について理解しておきましょう．

図 1.2 の回路を考えます．ここで，スイッチは入力信号によって切り替わるとし，いま仮に"1"と"0"という信号のうち"0"が入力されたときにスイッチが導通状態になるとします．すると直流電源 V_{DD} から抵抗 R を通して電流が流れ，キャパシタ C_L に電荷が蓄積され，C_L の両端の電圧 V_o が上昇します．最終的には $V_o = V_{DD}$ となったところで電流はゼロになります．その現象が，

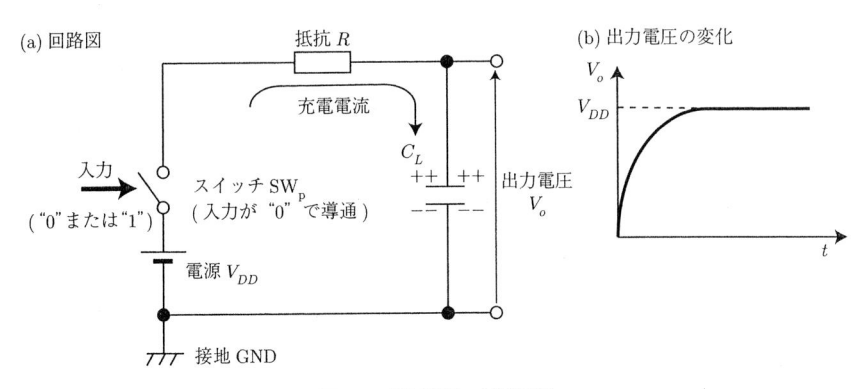

図 1.2 電圧信号の伝達原理

回路内で電圧信号によって情報を伝達することに相当します．つまり，電圧信号による情報の電圧は，キャパシタへの充電によって行うということです．この充電によってキャパシタに蓄えられるエネルギーは $C_L V_{DD}^2/2$ で与えられ，充電の間にこれと等しいエネルギーが抵抗 R によって熱となって消費されます．つまり，1ビットの情報伝達に必要なエネルギーは $C_L V_{DD}^2/2$ となります．

出力電圧がゼロあるいはそれに近いときを "0"，出力電圧が V_{DD} あるいはそれに近い状態を "1" とすると†，ここで示した例では，"0" を入力して "1" を出力したといえます．逆に "1" を入力して "0" を出力する動作を可能にするには，どのような回路にすれば良いでしょうか．図 1.3 にその回路例を示します．図 1.2 の回路におけるスイッチ SW_p と電源に並列になるようにもう一つのスイッチ SW_n を追加したものです．ただし，このスイッチは SW_p とは逆の動作，すなわち入力が "1" のときに導通状態になる性質をもつものとします．時刻 $t=0$ で "0" が入力されたとすると，C_L が充電され V_o は上昇します．つまり出力に "1" が伝達されるのは，上で記述した動作と同じです．その後 $t=t_1$ で入力が "0" から "1" に切り替わったとすると，C_L の上側の電極と下側の電極は R と SW_n を通して接続されるため，C_L に充電されていた電荷はゼロになるまで放電し，C_L の両端の電圧 V_o はゼロになります．つまり "0" が出力されることになります．

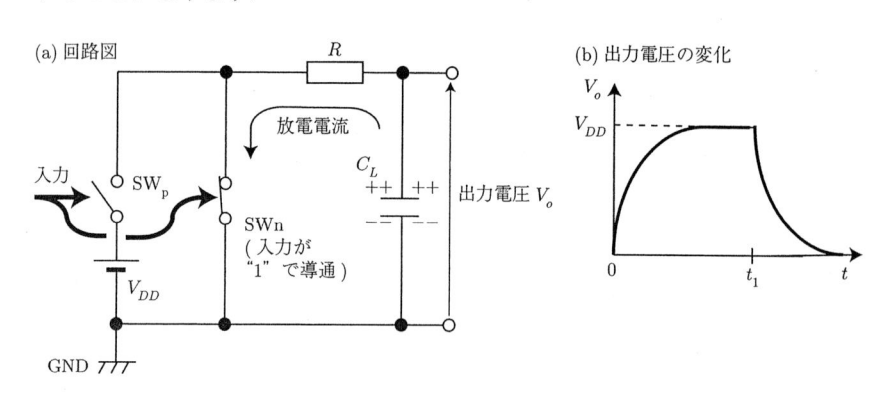

図 1.3 二つのスイッチによる信号の伝達

---

† 電圧がゼロに近い低い状態にあることを Low，逆に電源の電圧に近い状態にあることを High とも呼び，以後この表現を使うこともあります．

(a) 回路図 (b) 2 種類の MOSFET の性質

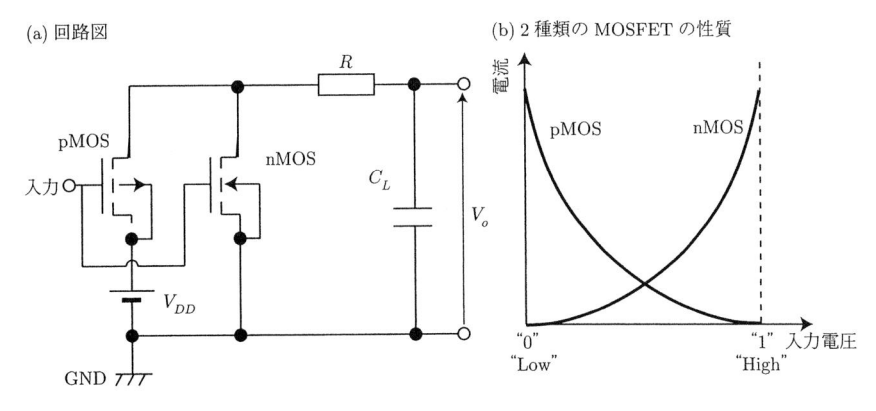

図 1.4 スイッチの MOSFET への置き換え

このような信号伝達回路においてスイッチの役割を果たすのがトランジスタです．トランジスタはその動作原理によっていくつかの種類に分類されますが，現代のディジタル論理回路において多く用いられている金属–酸化物–半導体型電界効果トランジスタ MOSFET (metal–oxide–semiconductor field-effect transistor) で図 1.3 のスイッチを置き換えた回路を図 1.4(a) に示します．MOSFET の構造や動作原理，記号のもつ意味については第 3 章で理解を進めることにしますので，ここでは鵜呑みにするつもりで読み進んでください．

図 1.4(a) に示した 2 種類の MOSFET は，一つの入力に対して導通，遮断が互いに逆向きに動作する性質をもちます．"0" が入力されると導通状態になるものを p チャネル MOSFET，反対に "1" が入力されると導通状態になるものを n チャネル MOSFET と呼びます†．p チャネル，n チャネルそれぞれの MOSFET の特性を図 1.4(b) に示します．MOSFET は，機械的な動きを伴わずに純粋に電気的な作用で動作するスイッチとして機能します．

1.4 CMOS

集積回路の回路図を描くとき，電位の高い方を上に，低い方を下にして描くという習慣があります．この習慣に従って図 1.4(a) の回路を書き換えてみたのが図 1.5(a) です．p チャネルと n チャネルという互いに逆方向の電圧で動作す

---

† 本書では pMOS, nMOS または pMOSFET, nMOSFET という略記も用います．

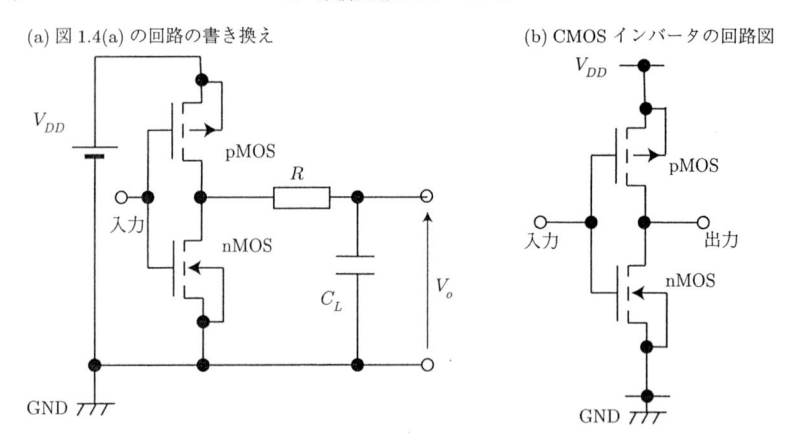

図 1.5　CMOS インバータ

る 2 つの MOSFET を組み合わせて機能を作りだしているこの回路を，相補型 MOS，略して CMOS (complementary metal oxide semiconductor) 回路と呼びます．図 1.5(b) に CMOS 部分のみを抜き出した回路を示します．この回路は反転増幅器またはインバータ (inverter) と呼ばれ，ディジタル集積回路の最小単位になります．電源は，電池記号を省略し，単に横線に V_{DD} などの文字を付記して表すのが一般的です．

1.5　アナログ集積回路におけるトランジスタの役割

ディジタル回路は "0" または "1" の状態を扱いますが，アナログ回路にはそれらの中間値で入力電圧に比例した電圧を出力することが求められます．アナログ集積回路の中で，最も基本的な機能である信号増幅を例にとってトランジスタの役割を学んでみましょう．図 1.6 に nMOS を使った信号増幅回路の一例を示します．ここでは，入力電圧によって出力電流を制御するという MOSFET がもつ機能を利用します．オームの法則から，抵抗 R_L に電流 I が流れると抵抗の両端には IR_L の電圧が現れます．MOSFET が入力電圧に応じて出力電流 I を流す結果，R_L の両端に入力電圧に比例した電圧を得ることができます．つまり，入力電圧によって決まる電流を出力するのが，アナログ回路におけるトランジスタの役割といえます．

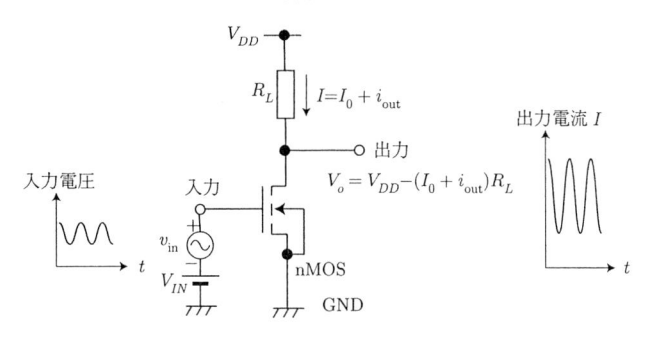

図 1.6　MOSFET によるアナログ信号の増幅

1.6　集積回路の必然性

　回路を集積化すると，それを利用する側に対して多くの価値を提供することができます．

　高速化・低電力化　集積回路では素子を小形化できるため，ディジタル信号の伝達において充電すべき容量 C_L を個別素子を組み合わせて回路化する場合に比べて格段に小さくすることができます．そのため，C_L を高速に充放電することができます．また，C_L の充電と放電に要するエネルギー，言い換えれば信号伝達に要するエネルギーを小さくすることもできます．したがって，高速に動作させても発熱を小さくすることができることになり，高速演算が可能になります．

　高機能化　特にディジタル集積回路では，トランジスタの数に比例するように機能を増加することができるので，大規模集積化は機能向上に威力を発揮します．また，センサー素子をチップ内に集積化することで信号/雑音比を格段に向上でき，それによって初めて検出，計測が可能になるようなセンシング応用も多くあります．

　高信頼化　回路基板に搭載された電子システムは，利用ごとに発熱と冷却を繰り返します．この熱サイクルによる部品と基板間の電気接合部の損壊が信頼性を損なう要因であることがわかっていますが，集積回路を用いることで接続部の数を極限まで減らすことができ，高い信頼性を提供できます．

普及性 小形化できるとともに多数のチップを一括して同時に製造することができることから，一つのチップ当たりの価格を低廉にすることができ，その結果，様々な用途に普及させることができます．

以上のような多くの特長をもつことから，集積回路は情報システムの基本要素である．情報の検知，演算，記憶，通信，表示のいずれにおいても今後も革新的な機能，性能を提供し，ますます広く社会に浸透していくでしょう．

演習問題

1.1 1辺が10[mm]の正方形のシリコンチップに100万個のトランジスタを集積する場合，平均して一つのトランジスタが占めることのできる面積はいくらか．マイクロメートル[μm]単位で答えよ．

1.2 図1.2(a)の回路において$t=0$でスイッチを導通状態にしたとする．$V_o=0.9V_{DD}$に到達するまでの時間t_dを求めよ．ただし，$t<0$において$V_o=0$とする．

1.3 CMOSインバータの設計においては，図1.4(b)に示した特性でpMOSとnMOSの電流が等しくなるように設計するのが望ましいといわれている．信号の伝達速度の観点からその理由を考えよ．

1.4 集積回路のチップはできるだけ小さく作るのが好ましい．その理由を考察せよ．

2. 半導体の性質とダイオード

第1章で学んだことから皆さんは,集積回路の動作をその中身から理解するには,トランジスタの動作に対する理解が必要だということに気づいたと思います.それには半導体についての基礎知識を習得することが重要です.この章ではLSIに利用されているシリコンを材料に半導体の基礎を学んでみましょう.

2.1 半導体の電気伝導性

金属は良導体であり,その導電率は10^4[S/m] 程度[†1]です.これに対し絶縁体は導電率がおよそ10^{-8}[S/m] 以下と小さく,ほとんど電流が流れません.半導体はその間で,導電率をおよそ$10^2 \sim 10^{-8}$[S/m] の範囲で制御できるという大きな特長をもちます.半導体の電気伝導性はなぜこのように大きく変化できるのでしょうか.答えは,電荷の担い手となるキャリヤ(carrier)の密度を変化させ得ることにあります.

図2.1のような板状の物体があり,その内部には自由に動き回れる電子(自由電子(free electron)といいます)が密度n[個/m^3][†2]で存在しているとします.qを電気素量($= 1.602 \times 10^{-19}$[C])とするとき,自由電子は$-q$の電荷を運ぶキャリヤとなります.この物体の両端に電極を設け,電圧を加えたときに流れる電流密度J_nは

$$J_n = qnv_n \quad [\text{A/m}^2] \tag{2.1}$$

となります.v_nは自由電子の速度[m/s]です.電界があまり大きくないとき,v_nは加えた電圧で物体内部に発生した電界$E = V/L$[V/m] に比例し,

---

[†1] [S] はシーメンスと呼び,抵抗[Ω]の逆数です.
[†2] 本書では[個]を省略して,以降は[/m^3]または[m^{-3}]とします.

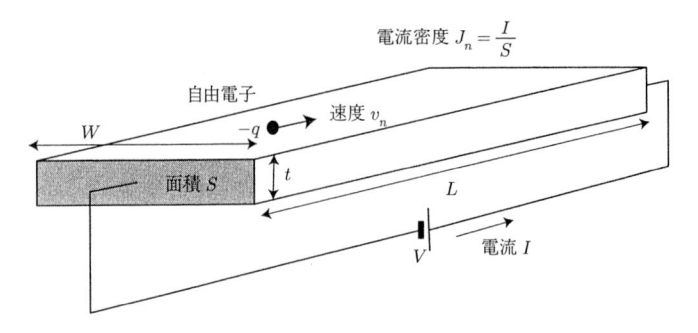

図 2.1 半導体中の自由電子の流れと電流の模式図

$$v_n = \mu_n E \qquad [\text{m/s}] \qquad (2.2)$$

と表せます．μ_n を自由電子の移動度 (mobility) と呼び，単位は $[\text{m}^2/\text{Vs}]$ です．半導体では，ほかの元素を混入させたり電気的な作用を利用して，n を約 $10^{18} \sim 10^{27}[\text{m}^{-3}]$ の範囲で変化させることができます．

問 2.1 図 2.1 において $L = 10[\mu\text{m}]$ とし，それに $V = 1[\text{V}]$ の電圧を加えた．$\mu_n = 0.1[\text{m}^2/\text{Vs}]$ として自由電子の速度 v_n を求めよ．

2.2 自由電子と正孔

半導体中には自由電子と正孔 (hole) という二つのキャリヤがあります．それらの発生機構について，まずは純粋なシリコン (Si) を用いて解説します．Si は図 2.2 に示すようにダイヤモンドと同じ結晶構造をもち，Si 原子が三次元に規則正しく配列しています．Si は IV 族元素ですから，最外殻に四つの価電子をもちます．結晶を作るとき各 Si 原子は周囲の四つの Si 原子と電子を共有し，最外殻に 8 個の電子が存在するようにして安定した結合を作っています．この状態を平面上に模式的に表したものが図 2.3(a) です．半導体素子が動作する環境は室温 ($T = 300[\text{K}]$) 付近が多く，その状況では半導体に常に $T = 300[\text{K}]$ に相当する熱エネルギーが与えられていることになります．この熱エネルギーによって Si 原子間の結合の一部が切れ，自由電子が生成されます．自由電子は $-q$ の電荷をもつキャリヤとなります．

結晶が切れた後には電子の抜け孔が存在します．これを正孔と呼びます．正孔が生じた部分には周囲の結合した電子が容易に移ることができます．この状

2.2 自由電子と正孔

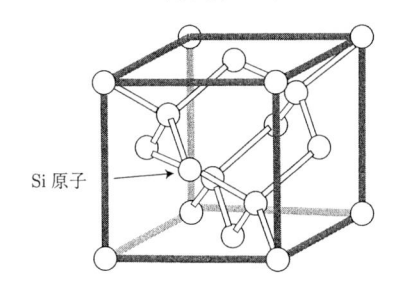

図 2.2 Si の結晶模型
一つの Si 原子は周囲の 4 個の Si 原子と結合している．ダイヤモンドと同じ結晶構造．

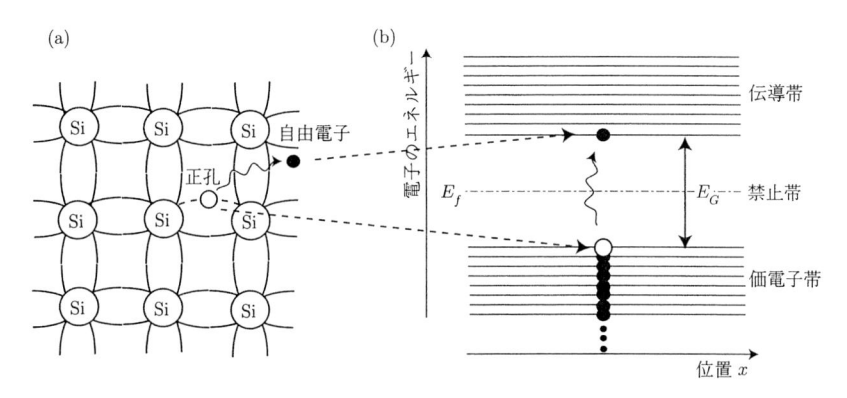

図 2.3 (a) Si 原子の結合の切断による自由電子と正孔の発生，(b) エネルギーバンド図による自由電子，正孔の発生の表現

況を正孔が移動したとみなすことができます．つまり，正孔の正体は電子の抜け孔なのですが，自由電子とは反対の符号 $+q$ の電荷を運ぶ粒子として取り扱うことができます．この状況は水の中の泡を思い浮かべてもらうと理解しやすいと思います．正孔は電子の抜け孔ですから，自由電子と出会うと自由電子が正孔を埋め戻すかのように消滅します．これを再結合 (recombination) といいます．

図 2.3 のようにほかの元素を混入しない半導体を一般に真性半導体 (intrinsic semiconductor) といいます．真性半導体では，自由電子密度 n と正孔密度 p は等しく，これを真性半導体のキャリヤ密度と呼び n_i で表します．温度 T が高くなるとより多くの結合が切れ，キャリヤ密度が増加するので，n_i は温度の関数

です．300[K] における真性 Si のキャリヤ密度は $n_i(300\,\text{K}) = 1.5 \times 10^{16}\,[\text{m}^{-3}]$ です．

図 2.3 からわかるように，一つの半導体中には自由電子と正孔が共存するので，電流は自由電子による電流 J_n と正孔による電流 J_p の和になります．J_p は，自由電子による電流と同様に

$$J_p = qpv_p = qp\mu_p E \tag{2.3}$$

と表すことができます．ここで p は正孔の密度，v_p は正孔の速度，μ_p は正孔の移動度です．したがって電流 J は，

$$J = J_n + J_p = qn\mu_n E + qp\mu_p E = \sigma E \tag{2.4}$$

$$\sigma = qn\mu_n + qp\mu_p \tag{2.5}$$

となります．これが電界によってキャリヤが移動 (ドリフト (drift)) することによる電流です．σ を導電率 (conductivity) と呼びます．導電率の逆数を抵抗率 (resistivity) と呼びます．すなわち，抵抗率 $\rho = 1/\sigma\,[\Omega\text{m}]$ です．

2.3 エネルギーバンドによる表現

自由電子や正孔をエネルギーバンド図 (energy band diagram) 上に表現すると，半導体素子の特性を理解する上でとても役立ちます．図 2.3(b) に，図 2.3(a) の状況を表現するエネルギーバンド図を示します．横軸は半導体内の位置 x で，縦軸は電子がもつエネルギーを表します．エネルギーの低い方，言い換えれば，電子がより安定な状態にある方から，価電子帯 (valence band)，禁止帯 (forbidden gap)，伝導帯 (conduction band) という帯を描けます．価電子帯は，結合している電子のエネルギー状態を表します．伝導帯は，結合から外れて自由に伝導する電子のエネルギー状態を表します．自由電子と同時に生成された正孔は，価電子の抜け孔として価電子帯内に表現されます．結合を切るにはある一定エネルギー E_G が必要なので，そのエネルギーに相当する部分には電子は存在することができません．このエネルギー範囲が禁止帯となります．E_G を禁止帯幅あるいはバンドギャップと呼びます．E_G は半導体の種類によって変わります．表 2.1 に，いくつかの半導体の E_G と n_i を記します．な

表 2.1 代表的な半導体の物性諸量

	$E_G(300\,\mathrm{K})[\mathrm{eV}]$	$n_i(300\,\mathrm{K})[\mathrm{m}^{-3}]$
Si	1.12	1.5×10^{16}
Ge	0.67	2.4×10^{19}
GaAs	1.42	9.0×10^9

お，E_G は温度によっても変わります．その変化はあまり大きくはありませんが，アナログ集積回路ではその点を考慮する必要が生じる場合があります．

図 2.3(b) の E_f はフェルミ準位 (Fermi energy level) を表しています．これは統計力学の考え方から，電子があるエネルギー状態を占める場合の占有率が 1/2 になるエネルギーをいいます．半導体素子の動作をエネルギーバンドで考える際のエネルギーの基準としてしばしば用いられます．

2.4 n 型半導体と p 型半導体

2.4.1 n 型半導体

Si 結晶に V 族の元素であるリン (P) またはヒ素 (As) などを混入させた場合を考えます．V 族元素は最外殻に五つの価電子をもちます．Si と共有結合を作るのに必要な電子は四つですから，300[K] 程度のわずかな熱エネルギーが与えられた場合にも価電子のうちの一つは結合から外れ，自由電子を生成します．この様子を図 2.4(a) に示します．自由電子を提供するものであるという意味で，P や As のことをドナー (donor) と呼びます．また，この場合，負の電荷を担う自由電子がキャリヤの多数となるので，負を表す英語 negative の頭文字をとって n 型半導体と呼びます．このように Si にとっては不純物といえる元素を，電気的性質の制御を目的として混入することをドープ (dope) あるいはドーピングといいます．

n 型半導体のエネルギーバンド図を図 2.4(b) に示します．ドナーはわずなエネルギーで自由電子を放出することから，伝導帯のすぐ近くのエネルギー位置にあると表現できます．しかも，電子を放出して自身は正に帯電するので，＋の記号を使って表現するという習慣があります．

n 型半導体といっても半導体が有限の温度にある限り正孔の密度はゼロではありません．熱エネルギーで Si どうしの結合がある確率をもって切れ，自由電

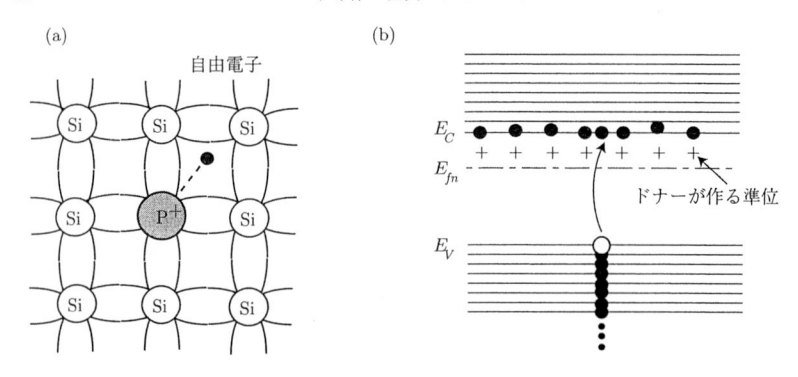

図 2.4 (a) Si に V 族原子を混入したときの自由電子の発生，(b) エネルギーバンド図による自由電子の表現

子と正孔が生成されるからです．ただし，通常はドナーによって生成される自由電子の方が，Si どうしの結合が切れて生成される自由電子よりも圧倒的に多数となるようにドーピングするので，事実上は自由電子の密度 n はドナーの密度 N_D に等しいといって良く，以下の関係が成り立ちます．

$$n \simeq N_D \tag{2.6}$$

ドナーによって自由電子が生成され，それとの再結合で正孔の一部は消滅するので，正孔密度はドナーがない場合に比べて減少します．多数キャリヤである自由電子の密度 n と少数キャリヤである正孔の密度 p の間には

$$np = n_i^2 \tag{2.7}$$

という関係が成立します．これを質量作用の法則といいます．この関係式は

$$p \simeq \frac{n_i^2}{N_D} \tag{2.8}$$

として，n 型半導体中の少数キャリヤである正孔の密度を求めるのに多用されます．

問 2.2 $N_D = 10^{22} [\mathrm{m}^{-3}]$ の n 型半導体の正孔密度を求めよ．ただし温度は室温 $T = 300 [\mathrm{K}]$ とする．

2.4.2 p型半導体

次に Si 結晶に III 族元素であるホウ素 (B) をドープした場合を図 2.5(a) に示します. III 族元素ですから, 共有結合を完結できず, 結合電子が一つ不足した状態, つまり, 正孔が生成される状態になります. B 原子は電子を受け入れて正孔を作ることからアクセプタ (acceptor) と呼ばれます. アクセプタのドーピングによって正孔を多数生成した半導体を, positive の頭文字をとって p 型半導体と呼びます. 図 2.5(b) に p 型半導体のエネルギーバンド図を示します. アクセプタは価電子帯にある結合電子を容易に受け入れ, それ自身は負に帯電することから, 価電子帯の近傍に − の記号を使って表す習慣があります.

アクセプタの密度を N_A とすると, 正孔密度 p は

$$p \simeq N_A \tag{2.9}$$

となります. p 型半導体でも $pn = n_i^2$ は成立し, 少数キャリヤである自由電子密度 n は

$$n \simeq \frac{n_i^2}{N_A} \tag{2.10}$$

より求めることができます.

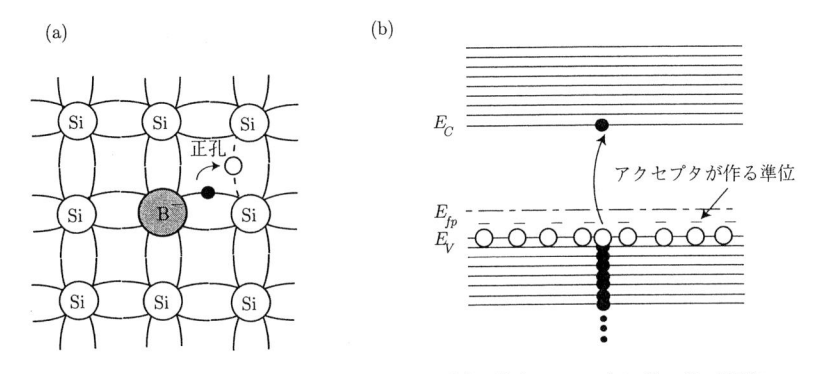

図 2.5 (a) Si に III 族原子を混入したときの正孔の発生, (b) エネルギーバンド図による正孔の表現

2.4.3 ドナーとアクセプタが共存する場合

実際の集積回路素子では，ドナーとアクセプタの両方が存在する場合が多くあります．その場合，

$$N_D > N_A \text{ のとき：n 型となり } n = N_D - N_A$$
$$N_A > N_D \text{ のとき：p 型となり } p = N_A - N_D$$

という考え方が成り立ちます．実際には，$N_D \gg N_A$ または $N_A \gg N_D$ である場合がほとんどであり，ドナーとアクセプタが共存する場合でも事実上は，n 型であれば $n \simeq N_D$，p 型であれば $p \simeq N_A$ であるといえます．

2.5 フェルミ準位とキャリヤ密度

フェルミ準位 E_f はドーピングによって変化します．真性半導体では，自由電子と正孔がそれぞれ，伝導帯と価電子帯を占有する割合が等しいのでフェルミ準位はちょうど禁止帯の中央に位置すると表現できます†．真性半導体のフェルミ準位をここでは E_i と表します．ドナーをドープしたn型半導体では自由電子の存在が増加するので，図 2.4(b) に E_{fn} と表したように，フェルミ準位は伝導帯側に寄ります．アクセプタをドープしたp型半導体では図 2.5(b) に E_{fp} で表したように，価電子帯側に寄ります．

自由電子がエネルギー E の準位に存在する確率はボルツマン統計に従うという考え方から，n 型半導体の自由電子密度 n_n は

$$n_n = n_i \exp\left(\frac{E_{fn} - E_i}{kT}\right) \tag{2.11}$$

と表せます．$n_n \simeq N_D$ ですから，変形すると

$$E_{fn} - E_i = kT \ln\left(\frac{N_D}{n_i}\right) \tag{2.12}$$

となります．同様にp型半導体では，

$$E_i - E_{fp} = kT \ln\left(\frac{N_A}{n_i}\right) \tag{2.13}$$

となります．これらの式から，n 型と p 型のそれぞれのフェルミ準位の位置を

---

† 自由電子と正孔の実効的な質量が異なることを考慮するとこの表現は厳密性を欠きますが，事実上はこのように考えて問題ありません．

決定できます．

問 2.3 $T = 300[\mathrm{K}]$ における熱エネルギー kT を求めよ．[J] 単位および [eV] 単位の両方で表せ．

2.6 pn 接 合

p 型と n 型を接合した pn 接合のエネルギーバンド図を，両者を接触させた瞬間から時間経過を追うようにして考えてみましょう．図 2.6(a) に p 型と n 型を接触させた瞬間の状況を模式的に示します．接触させると n 型中から p 型中に向かって自由電子が拡散します．拡散とは，粒子密度が均一になるように熱運動によって密度の大きい方から小さい方に粒子の流れが起こる現象です．拡散した自由電子は，p 型中の多量の正孔と出会って再結合して消滅します．一方，n 型中のドナーは Si 原子と結合した原子であるので拡散しません．その結果，n 型中の接合面付近の自由電子は消滅し，n 型はドナーのもつ正電荷によって正に帯電します．正に帯電するということは，電子のエネルギーとしてみれば，エネルギーが下がった状態に相当しますので，n 型のエネルギーバンドは相対的に下がります．

p 型中の接合面付近の正孔も同様に n 型中に拡散し再結合して消滅し，p 型は負に帯電します．つまり p 型のエネルギーバンドは相対的に上がります．一方，接合面に現れたドナー，アクセプタの正，負の電荷は，拡散による自由電子と正孔の拡散を阻止する方向の電界を作ります．したがって，拡散する力と，電界によってそれを阻止する力がバランスしたところで拡散は停止し，キャリヤの正味の流れはなくなります．実はこの状態は，お互いのフェルミ準位が一致した状態にあります．外部から熱エネルギーしか与えていないこの状態を一般に，熱平衡状態 (thermal equilibrium) と呼びます．熱平衡状態におけるエネルギーバンド図は図 2.6(d) のように描けます．接合面には $(E_{fn} - E_i) + (E_i - E_{fp})$ に等しいエネルギーの段差が生じます．自由電子が n 型から p 型へ，あるいは正孔が p 型から n 型へ移るにはこの段差分のエネルギーを必要とすることからエネルギー障壁と呼びます．このエネルギー障壁に相当する電位 Φ_D を拡散電位と呼びます．エネルギー障壁 $q\Phi_D$ の大きさは，n 型半導体の $E_{fn} - E_i$ と p 型半導体の $E_i - E_{fp}$ を合わせたものですから

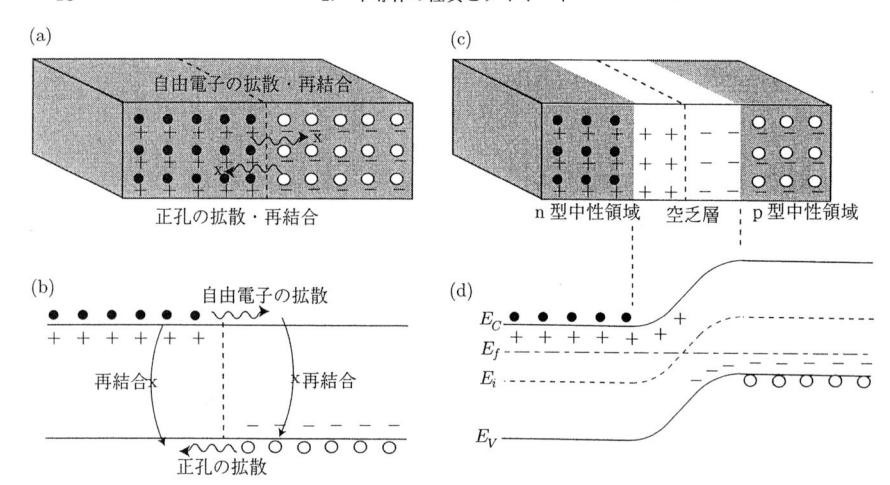

図 2.6 (a) p 型半導体と n 型半導体を接合させた直後の電荷の様子，(b) (a) の状態のエネルギーバンド図，(c) 接合後，十分時間が経過し，熱平衡になったときの電荷の様子，(d) (c) の熱平衡状態におけるエネルギーバンド図

$$q\varPhi_D = (E_{fn} - E_i) - (E_i - E_{fp}) = kT \ln\left(\frac{N_D N_A}{n_i}\right) \quad (2.14)$$

$$\varPhi_D = \frac{kT}{q} \ln\left(\frac{N_D N_A}{n_i}\right) \quad (2.15)$$

となります．

問 2.4 室温における kT/q の値を求めよ．単位は [V] である．

問 2.5 $N_A = 10^{21} [\mathrm{m}^{-3}]$, $N_D = 10^{26} [\mathrm{m}^{-3}]$ の pn 接合の拡散電位 $\varPhi_D$ を求めよ．

2.7 pn 接合の機能と等価回路

2.7.1 ダイオード

pn 接合の p 型が正になるように電圧を加えると図 2.7(a) の右側に示すように，ある電圧を越えたところで急激に電流が増加する特性を示します．この電流–電圧特性をエネルギーバンド図で理解しましょう．

n 型を基準にとり p 型に電圧 V の正の電圧を加えると p 型側のエネルギーが qV だけ相対的に低下し，図 2.7(b) のようなエネルギーバンド図になります．すると接合面の障壁が $q(\varPhi_D - V)$ に低下し，障壁が十分小さくなったところ

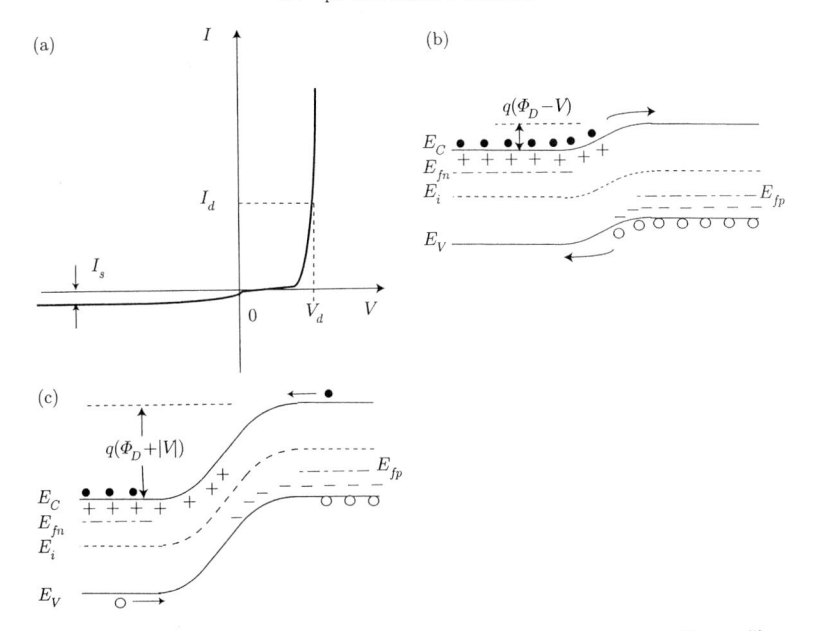

図 2.7 (a) ダイオード特性，(b) 順方向バイアスにおけるエネルギーバンド図，(c) 逆方向バイアスにおけるエネルギーバンド図

でn型中の自由電子，p型中の正孔がそれぞれ相手側に移動できるようになり，その結果，大きな電流が流れるようになります．電流が急激に大きくなる電圧は，pn接合を形成した際に生じた拡散電位 Φ_D に相当します．

このように，大きな電流が流れる方向の電圧を順方向バイアスと呼びます．これとは反対に，n型が正になるような電圧，つまり逆方向バイアスを加えると，逆方向飽和電流 I_s と呼ばれる電圧に依存しない小さな電流しか流れません．この状態のエネルギーバンド図は図 2.7(c) のように描けます．順方向バイアスの場合とは反対に接合面のエネルギー障壁が $q(\Phi_D + |V|)$ に大きくなり，各々の領域における多数キャリヤであるn型中の自由電子，p型中の正孔の相手側への移動はなくなります．一方，各々の領域の少数キャリヤであるn型中の正孔およびp型中の自由電子にとっては障壁ありませんから，これらの少数キャリヤが相手側に流れこみ，逆方向飽和電流となります．このように一つの方向に電圧を加えたときに大きな電流が流れる特性をダイオード特性と呼びます．

pn 接合に流れる電流 I は

$$I = I_s \left[\exp\left(\frac{qV}{kT}\right) - 1 \right] \tag{2.16}$$

となることがキャリヤのふるまいからの解析で導くことができます．実際の特性とも良く合います．回路動作において導通状態と遮断状態を分ける電流 I_d を定義し，その電流を流すのに要する順方向バイアスを立ち上がり電圧 (turn-on voltage) V_d と呼びます．

問 2.6 $I_s = 1$[fA] の pn 接合ダイオードがある．$V = -0.7$[V] および $+0.7$[V] のときに流れる電流をそれぞれ求めよ．ただし室温とする (この解答から，逆方向バイアス時に流れる電流は順方向バイアス時の電流に比べて十分小さいことを認識せよ)．

2.7.2 空乏層

pn 接合面には，キャリヤが再結合で消滅した空乏層 (depletion layer) が存在します．この空乏層の領域はキャリヤ密度が無視できる程度に小さいため，絶縁体とみることができます．この性質を利用して，トランジスタなどの素子間を電気的に絶縁分離することができます[†]．

空乏層の両側にはキャリヤが存在する領域があります．これらの領域は，n 型中では自由電子の負電荷とドナーの正電荷が，また，p 型中では正孔の正電荷とアクセプタの負電荷がそれぞれ釣り合っていて電気的にみて中性なので，中性領域と呼びます．これらの中性領域は電気伝導性をもつため，電極とみなすことができます (図 2.6(c))．つまり，空乏層という絶縁体をはさんだ平行平板形コンデンサとみなすことができます．その容量を C_j とすると

$$C_j = S \frac{\varepsilon_s \varepsilon_0}{l_n + l_p} \quad [\text{F}] \tag{2.17}$$

と表せます．ここで S は接合面積，ε_s は半導体の比誘電率，ε_0 は真空の誘電率 $= 8.85 \times 10^{-12}$[F/m]，l_n, l_p はそれぞれ n 型，p 型中の空乏層幅を表します．逆方向バイアスを加えると $l_n + l_p$ は大きくなるので C_j は逆方向バイアス V によって変化します．その変化の仕方はドナーやアクセプタの密度分布によっ

[†] 素子間分離 (isolation) と呼びます．

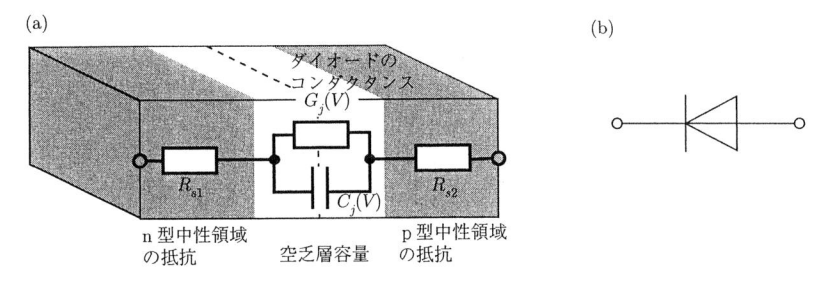

図 2.8 (a) pn 接合ダイオードの等価回路, (b) pn 接合ダイオードの回路記号

て変化しますが, n 型, p 型ともに一定の濃度をもつ場合は

$$C_j(V) = C_j(0)\left(1 - \frac{V}{\Phi_D}\right)^{-\frac{1}{2}} \tag{2.18}$$

と表せます. この性質から, 電圧で値を変えられるキャパシタンスを作ることができます. pn 接合ダイオードは第 11 章で述べるようにイメージセンサーの光電変換素子としても利用します.

2.7.3 等価回路

ダイオードやトランジスタ, 配線などの集積回路の各要素の電流–電圧特性を, 抵抗, キャパシタ, 電流源と電圧源などの基本的な回路素子で表現した回路を等価回路といいます. ダイオードの場合, V によって電流が式 (2.16) のように変化することを表すコンダクタンス $G_j(V)$, 空乏層容量 $C_j(V)$, および両側の半導体の中性領域の抵抗 R_{s1}, R_{s2} を使って, 図 2.8(a) のような等価回路に表すことができます. 図 2.8(b) に pn 接合ダイオードの回路記号を示します.

問 2.7 $T = 300[\mathrm{K}]$ において $I_s[\exp(qV/kT) - 1] \simeq I_s \exp(qV/kT)$ と近似できる V の最小値を求めよ. ただし, 相対的に 10% 以下の量は無視できるものとする.

2.8 半導体素子の解析に用いる基本式

半導体素子の電流–電圧特性の解析に用いる基本式を一次元での表現で整理しておきます. トランジスタなどの素子の開発や設計ではデバイスシミュレータと呼ばれる計算機シミュレーションソフトウエアが多用されますが, それら

は以下で述べる基本式を二次元または三次元で解いて結果を出します.

2.8.1 電流の式

半導体中の自由電子および正孔は，電界によるドリフトおよび熱運動に起因する拡散によって移動します．電流はこれらの和になり，電子電流密度 J_n，正孔電流密度 J_p は以下のように表現できます．

$$J_n = qn\mu_n E + qD_n \frac{dn}{dx} \tag{2.19}$$

$$J_p = qp\mu_p E - qD_p \frac{dp}{dx} \tag{2.20}$$

全電流 J は $J = J_n + J_p$ となります．ここで新しく出てきた定数 D_n, D_p [m^2/s] はそれぞれ自由電子の拡散係数，正孔の拡散係数と呼ばれ，拡散による移動のしやすさを表します．

移動度 μ_n, μ_p と拡散係数 D_n, D_p はいずれもキャリヤの移動のしやすさを表す定数ですから，両者の間には以下に示す一定の関係があります．これをアインシュタインの関係式と呼びます．移動度の値は書物で多く見かけますが，拡散係数の値はほとんど見かけません．それは移動度がわかれば拡散係数がわかるからです．

$$\frac{D_n}{\mu_n} = \frac{kT}{q} \tag{2.21}$$

$$\frac{D_p}{\mu_p} = \frac{kT}{q} \tag{2.22}$$

2.8.2 連続の式

半導体内のある空間におけるキャリヤ密度の時間による変化は，ドリフト，拡散による流入，流出分と，空間内での発生と再結合による消滅の総和で表されます．自由電子と正孔のそれぞれについて成り立ちます．

$$\frac{\partial n}{\partial t} = D_n \frac{d^2 n}{dx^2} + \mu_n E \frac{dn}{dx} + G - \frac{n - n_0}{\tau_n} \tag{2.23}$$

$$\frac{\partial p}{\partial t} = D_p \frac{d^2 p}{dx^2} - \mu_p E \frac{dp}{dx} + G - \frac{p - p_0}{\tau_p} \tag{2.24}$$

ここで n_0, p_0 は熱平衡状態における自由電子，正孔の密度，τ_n, τ_p は自由電子，正孔の寿命 (熱平衡状態よりも過剰に発生した自由電子や正孔が再結合で消滅するまでの平均時間)，G は熱や光などによる自由電子と正孔の対の発生速度です．

pn 接合ダイオードの電流–電圧特性を求める際などに利用する，定常状態での拡散方程式を，連続の式から導いておきます．定常状態ですから $\partial n/\partial t = 0$，拡散のみを扱うので電界 $E = 0$，過剰なキャリヤの発生はなく $G = 0$ とすると

$$D_n \frac{d^2 n}{dx^2} = \frac{n - n_0}{\tau_n} \tag{2.25}$$

を得ます．過剰キャリヤ密度を $n' = n - n_0$ とすると

$$D_n \frac{d^2 n'}{dx^2} = \frac{n'}{\tau_n} \tag{2.26}$$

となります．これを拡散方程式といいます．$L_n \equiv \sqrt{D_n \tau_n}$ とすると，L_n はキャリヤが再結合するまでに拡散する平均距離を与え，これを拡散長と呼びます．すると上式は

$$\frac{d^2 n'}{dx^2} = \frac{n'}{L_n^2} \tag{2.27}$$

と書けます．添字 n を p にすることで正孔についての拡散方程式が得られます．

2.8.3 ポアソン方程式

半導体中の任意の位置における電位 ϕ を求めるために用いる式です．

$$\frac{d^2 \phi}{dx^2} = -\frac{\rho}{\varepsilon_s \varepsilon_0} \tag{2.28}$$

ρ は電荷密度で，半導体では一般に

$$\rho = p - n + N_D - N_A \tag{2.29}$$

となります．ただし，p, n が ϕ の関数であるため，この解の一般形を解析的に導くことは困難です．一方，空乏層内では $p = 0, n = 0$ と近似しますので解析的に解くことが容易になります．

演習問題

2.1 図 2.1 を半導体の薄い層 (シート) とし, $W = L$ のとき (すなわち, 上からみて正方形) の両端の抵抗をシート抵抗 (sheet resistance) と呼び, 素子の設計に便利な指標である. 以下の問いに答えよ.

(1) シート抵抗 $R_\square$ は $R_\square = \rho/t = 1/\sigma t$ であることを示せ.
(2) 長さ L, 幅 W の大きさで設計した抵抗器の抵抗 R は, $R = R_\square L/W$ であることを示せ.
(3) $N_D = 10^{24}[\text{m}^{-3}]$ で均一にドープした厚さ $t = 1[\mu\text{m}]$ の n 型半導体層のシート抵抗を求めよ. ただし, 自由電子の移動度を $\mu_n = 0.1[\text{m}^2/\text{Vs}]$ とする.

2.2 図 2.9 に模式的に示すように, ホウ素を全体に均一に $10^{22}[\text{m}^{-3}]$ ドープし, 左半分 (図中の A の領域) にはさらにリンを $10^{24}[\text{m}^{-3}]$ ドープしたシリコンの接合がある. 温度は室温 (300[K]) とする. 以下の問いに答えよ.

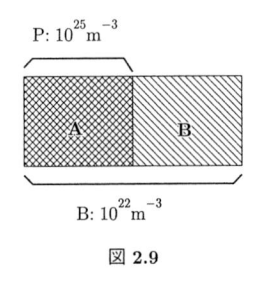

図 2.9

(1) 左側の A の領域における多数キャリヤの種類とその密度を答えよ.
(2) 右側 B の領域における多数キャリヤの種類とその密度を答えよ.
(3) この接合に, 逆方向に 1[V] の電圧を加えたときのエネルギーバンド構造を描け.

2.3
(1) ダイオードの立ち上がり電圧は, $V_d = (kT/q)\ln(I_d/I_s)$ で与えられることを示せ.
(2) 逆方向飽和電流 $I_s = 10^{-15}[\text{A}]$ の pn 接合ダイオードがある. 導通状態と遮断状態を分ける境界の電流 I_d を 1[mA] とするときの立ち上がり電圧を求めよ. 温度は 300[K] とする.

2.4 $V = V_{d1}$ においてダイオードに流れる電流を I_{d1} とすると, $V = V_{d1}$ におけるダイオードのコンダクタンス $G_j(V_{d1}) = \partial I/\partial V|_{V=V_{d1}}$ は $G_j(V_{d1}) = qI_{d1}/kT$ となることを示せ.

3. MOSFETの動作原理

第1章で学んだように，MOSFETは集積回路の中で，スイッチや出力電流を変える素子としての役割を果たします．本章ではMOSFETのこれらの機能をどのようにつくり出しているかを理解しましょう．

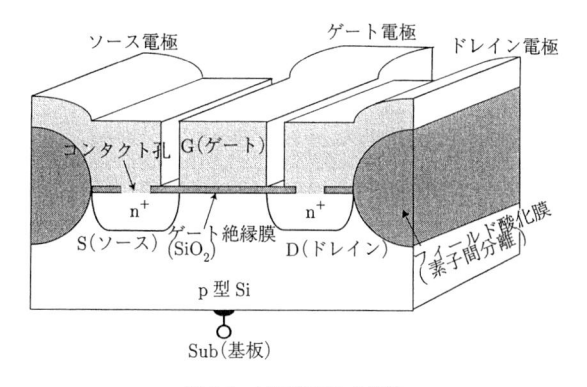

3.1 MOSFETの構造

MOSFET (metal–oxide–semiconductor field-effect transistor) は，日本語ではMOS型電界効果トランジスタと呼びます．図3.1にMOSFETの典型的な構造例を示します．端子はソース (source)，ゲート (gate)，ドレイン (drain)，そして基板 (substrate) の四つがあります．素子を設計する立場からみると，ソースおよびドレインとは図中に n^+ と表した[†]不純物密度の大きな二つの領域

図 3.1　MOSFET の構造

[†] n^+ はドナー密度を $10^{26}[\mathrm{m}^{-3}]$ 程度に大きくした領域であることを意味します．同様に p^+ という表記も用います．

を指し，ゲートはゲート電極のことを指します．MOS の名前は，ゲート部分が上から金属[†]，酸化物 (二酸化シリコン SiO_2)，半導体 (Si) より構成されていることに由来します．

3.2　MOSFET の動作原理

MOSFET の構造で大事な点は，ソースからドレインに向かって n/p/n 型の接合が形成されており，p 型の上に絶縁膜を挟んでゲート電極が配置されていることです．ソースを接地し，ドレインには正の電圧 V_{DS} を加えます．基板には一定の電圧を加える場合もありますが，その効果については第 5 章で学ぶことにして，本書ではことわりのない限り基板も接地した状態にあることで話を進めます．ゲートの電圧 V_{GS} がゼロのとき (図 3.2(a))，ドレイン電圧 V_{DS} を加えてもドレインに電流は流れず MOSFET は遮断状態です．ドレインの n^+ と基板の p 型で形成される pn 接合が逆方向バイアスされるからです．なお，pn 接合の逆方向飽和電流 I_s は流れますが，それは小さいのでここでは無視します．

V_{GS} を少し大きくします (図 3.2(b))．するとゲートの電極の下の p 型 Si には，絶縁膜を介して p 型中の正孔を排除する方向の電界が発生するので，p 型 Si 表面の付近には空乏層が形成されます．この状態でもドレイン電流は流れず，遮断状態が続きます．

さらに V_{GS} を大きくすると (図 3.2(c))，p 型 Si 中の少数キャリヤである自由電子が絶縁膜と p 型 Si 界面に集まり，自由電子密度が大きな薄い層状の領域を作ります．この層状の領域はもはや n 型であり，元は p 型であった伝導型が反転したことになるので反転層 (inversion layer) と呼ばれます．この状態ではソース→反転層→ドレインとすべてが n 型でつながり，途中に空乏層は形成されないので，自由電子はソースから供給され反転層を通って，正の電圧 V_{DS} を加えているドレインに引かれて流れることになります．反転層は自由電子の通り道であることからチャネル (channel) と呼ばれます．この場合にはチャネルが n 型なので n チャネル MOSFET と呼びます．

[†] 実際には，高密度に不純物をドープして低抵抗化した多結晶シリコン薄膜を用いる場合がほとんどです．

(a) $V_G = 0$

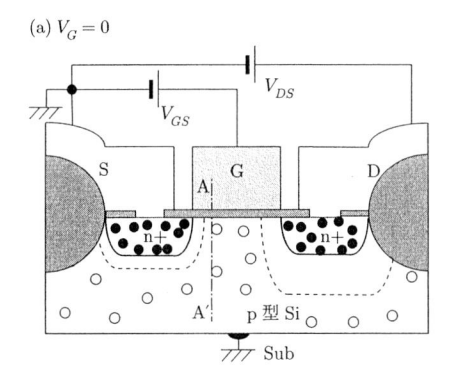

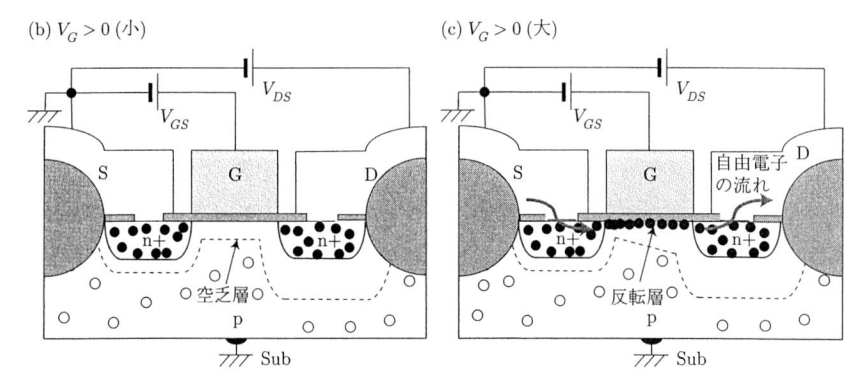

(b) $V_G > 0$ (小)

(c) $V_G > 0$ (大)

図 3.2　n チャネル MOSFET 中のキャリヤの動き

このように，ゲートからの電界による作用で遮断と導通状態を作りだすトランジスタなので，電界効果トランジスタ (FET) と名付けられています．FET はその動作原理や構造によってほかにもいくつか種類がありますが，LSI に使われているのは MOSFET です．

3.3　エネルギーバンドによるチャネル形成の理解

エネルギーバンド図を用いて，電界効果によってチャネルが形成される現象についての理解を深めておきましょう．物質の導電性は，エネルギーバンドにおける禁止帯の有無あるいは大きさによって理解できます．金属は禁止帯が存在せず，価電子が自由電子となり得るため自由電子密度が大きくなり，導電性

が高くなります.絶縁体は禁止帯幅が大きいために室温程度の熱エネルギーを与えても自由電子が生成されにくく,導電性が低くなります.

MOS 構造の表面に垂直な方向,すなわち図 3.2(a) 中の A–A′ で示した線に沿うエネルギーバンド構造は図 3.3(a) のように描けます.左側が金属,中央が絶縁体である酸化物,右側が p 型 Si です.ゲート金属と,基板 Si の間に電圧を加えない状態では,エネルギーバンドが平坦である†と仮定して描いています.金属にわずかに正の電圧を加えた図 3.2(b) の状態は図 3.3(b) のように,金属のエネルギーを引き下げた状態として描けます.すると,半導体のエネルギーバンドは図のように湾曲した状態になり,正孔は界面から排除され,空乏層が形成されます.このとき,絶縁体中には一定の電界が発生するので絶縁体のエネルギーバンドは図のように左下がりの状態になります.

さらに金属に加える電圧を大きくして半導体表面の伝導型が反転した状態は,図 3.3(c) のように描けます.これが,チャネルが形成され,MOSFET が導通状態にあるときのチャネル部分のエネルギーバンド図です.ソースからチャネル部分には自由電子が流れこむ状態にあります.V_{GS} をもっと大きくすると金属側がさらに引き下げられますが,半導体のエネルギーバンドの曲がりはほぼ一定に保たれたままの状態を維持します.これは,チャネル内の自由電子密度が表面電位に対して指数関数で増減するので,わずかエネルギーバンドの曲がりの変化でもチャネル内の自由電子密度が大きく変化するからです.エネ

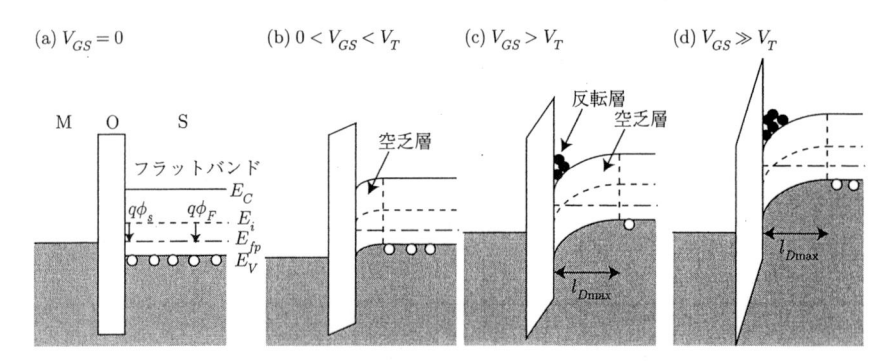

(a) $V_{GS} = 0$ (b) $0 < V_{GS} < V_T$ (c) $V_{GS} > V_T$ (d) $V_{GS} \gg V_T$

図 3.3 ゲート電圧 V_G による MOSFET のチャネル部分のエネルギーバンドの変化

† フラットバンド (flat band) 状態といいます.

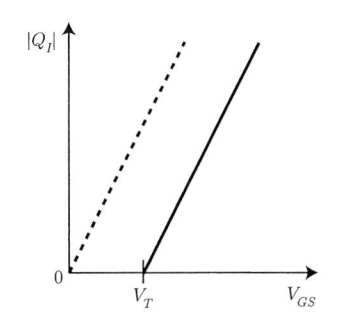

図 3.4 チャネル電荷 $|Q_I|$ のゲート電圧による変化

ギーバンドの曲がりが変化しないということは，チャネルの奥側にある空乏層も，チャネルが形成され始めた状態で最大になることを意味しています.

では，図 3.3(c) の状態から図 3.3(d) の状態にしたとき，どこが変わるのでしょうか．それはゲート絶縁膜 (酸化膜) 中の電界が大きくなるという点です．チャネルが形成されるゲート電圧をしきい電圧 V_T と呼びます．チャネル内に誘起された自由電子の単位面積当たりの電荷密度 Q_I は，平行平板コンデンサと同様で，実効的に平板間に加わる電圧は $V_{GS} - V_T$ ですから

$$Q_I = -C_{OX}(V_{GS} - V_T) \quad [\mathrm{C/m^2}] \tag{3.1}$$

となります (図 3.4 参照)．ここで負号は自由電子の電荷が負であることを意味します.

3.4　しきい電圧 V_T

チャネルが形成される，言い換えれば MOSFET が導通し始めるゲート電圧であるしきい電圧 V_T は，回路設計を行う上で重要な量です．V_T は制御可能で，正にも負にもすることができます．この節では V_T が何によって変化するかを学びましょう．

しきい電圧 V_T =
  (1) フラットバンド状態にするために必要な電圧
 + (2) 半導体表面を (反転直前まで) 空乏化するのに必要な電圧
 + (3) ゲート絶縁膜中およびゲート絶縁膜/半導体界面に存在する電荷の影響による電圧

となります.(1) は,金属と半導体がそれぞれ固有する電子エネルギーの差に相当し,金属の仕事関数を Φ_M,半導体の仕事関数を Φ_S とすると,$\Phi_M - \Phi_S$ で与えられます.

(2) は,半導体内部おけるフェルミ準位 E_{fp} と真性半導体のフェルミ準位 E_i の差を $q\phi_F$ とすると,半導体表面の電位 ϕ_s が $\phi_s = 2|\phi_F|$ 分だけ変化することと等価になります.半導体表面が反転するということは,p 型半導体の場合を例にとると,半導体表面に元々存在していた正孔の密度と同じ密度の自由電子が発生することである,との考えから出てきます.図 3.3 のエネルギーバンド図でいうと,フラットバンド状態では表面の正孔密度 p_s は半導体の奥側の部分†の正孔密度 p に等しいのに対し,$p_s = 0$ とするまでに表面の電位を ϕ_F 分だけ変化させる必要があり,表面の自由電子密度 n_s を $n_s = p$ とするまでにさらに ϕ_F 分だけ表面電位を変化させなければならないことになります.図 3.5(a) に,ϕ_s に対する半導体内の電荷の変化を,図 3.5(b) にはそのときの半導体内部の様子を模式的に描いたものを示します.

最大空乏層幅 $l_{D\mathrm{max}}$ は,p 型半導体中のアクセプタ密度を N_A とし,空乏近似を用いて得られるポアソン方程式

$$\frac{d^2\phi}{dx^2} = -\frac{qN_A}{\varepsilon_s\varepsilon_0} \tag{3.2}$$

を $x = l_{D\mathrm{max}}$ で $d\phi/dx = 0$, $x = 0$ で $\phi = \phi_s = 2\phi_F$ の条件で解き,$x = l_{D\mathrm{max}}$ で $\phi = 0$ とすることで以下のように求まります.

$$l_{D\mathrm{max}} = \sqrt{-\frac{4\varepsilon_s\varepsilon_0\phi_F}{qN_A}} \tag{3.3}$$

空乏層内の電荷 (今の場合,アクセプタの負電荷) の面密度を $Q_B[\mathrm{C/m^2}]$ とす

---

† これを表面と区別するため "バルク" と呼ぶことがあります.

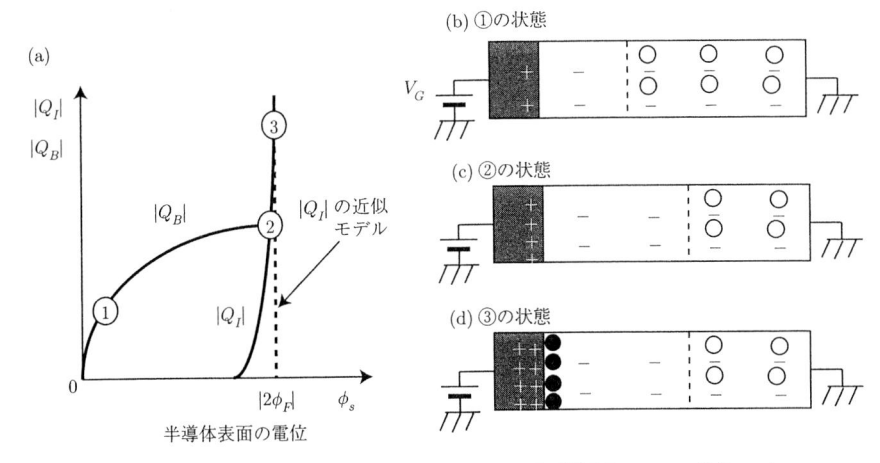

図 3.5 (a) 半導体表面の電位とチャネル電荷 $|Q_I|$, 空乏層電荷 $|Q_B|$ の関係, (b)〜(d) (a) 中の①〜③の点における電荷の状態

ると,反転層が形成された段階で $|Q_B|$ は最大となり,

$$Q_{B\max} = -qN_A l_{D\max} \tag{3.4}$$

となります.この電荷を,ゲート絶縁膜の容量 $C_{OX}[\text{F/m}^2]$ をもつ平行平板コンデンサの電極に誘導する場合と同じものであると考えることができるので,結局 (2) の電圧は

$$\frac{Q_{B\max}}{C_{OX}} = -\frac{qN_A}{C_{OX}} l_{D\max} \tag{3.5}$$

となります.

(3) は,半導体とゲート絶縁膜界面の原子結合の不完全性に起因する電子の捕獲やゲート絶縁膜中の微量に存在する不純物による電荷によるものです.これらの電荷がすべてゲート絶縁膜/半導体界面に存在し,その電荷の面密度を Q_{ss} とすると (3) の電圧は

$$\frac{Q_{ss}}{C_{OX}} \tag{3.6}$$

となります.これらの電荷は,材料の不完全性によって発生するのでその量は制御できません.Q_{ss} をゼロに近付けるようなプロセス技術が用いられます.実際には $Q_{ss} = 10^{-5}\,[\text{C/m}^2]$ 程度です.

以上を総合して，n チャネル MOSFET のしきい電圧 V_T は以下のようになります．

$$V_T = (\Phi_M - \Phi_S) + 2|\phi_F| + \frac{|Q_{B\max}|}{C_{OX}} - \frac{Q_{ss}}{C_{OX}} \tag{3.7}$$

$\phi_F = -\frac{kT}{q} \ln\left(\frac{n_i}{N_A}\right)$ [V]   p 型半導体

$C_{OX} = \frac{\varepsilon_{OX}\varepsilon_0}{t_{OX}}$ [F/m^2]   ゲート酸化膜容量

$\varepsilon_{OX} = 3.9$ SiO$_2$ の比誘電率

$\varepsilon_0 = 8.854 \times 10^{-12}$ [F/m]   真空の誘電率

t_{OX} [m]   ゲート絶縁膜 (SiO$_2$) の厚さ

問 3.1 実際の MOSFET では，ゲート電極に高密度不純物をドープした多結晶 Si[†1]を用いる．多結晶 Si のエネルギーバンド構造は，単結晶 Si とほぼ同じに扱える．いま，フェルミ準位が伝導体下端 E_c と等しくなるまで P をドープした n^+ 型多結晶 Si をゲート電極とし，基板 Si のドーピング密度 $N_A = 10^{21}$ [m^{-3}] とする n チャネル MOSFET がある．フラットバンド電圧 $V_{FB} = \Phi_M - \Phi_S$ を求めよ．

問 3.2 $N_A = 10^{21}$ [m^{-3}], $t_{OX} = 5$ [nm] の MOSFET がある．$Q_{B\max}/C_{OX}$ を求めよ．

問 3.3 $t_{OX} = 5$ [nm] の MOSFET において $Q_{ss} = 1.6 \times 10^{-5}$ [C/m^2] であった．Q_{ss}/C_{OX} を求めよ．

3.5 しきい電圧の制御——チャネルドーピング——

回路を適性に動作させるために，トランジスタのしきい電圧を適切な値に設定する必要があります．式 (3.5) からわかるように，MOSFET のしきい電圧 V_T は基板内のドーピング密度を変えることで制御できます．これを利用して，チャネル部分のドーピング密度を変えてしきい電圧を制御する方法をチャネルドーピング (channel doping) と呼びます．

実際にはイオン注入法[†2]を使って，ゲート絶縁膜を通してチャネル部分にのみ不純物を導入します．チャネルドーピングした不純物がゲート絶縁膜/半導体界面近傍に存在すると仮定すると，チャネルドーピングによるしきい電圧の

[†1] 小さな結晶の粒が集合した状態の Si．
[†2] 第 4 章を参照．

変化量 ΔV_T は

$$\Delta V_T = \pm \frac{qN_I}{C_{OX}} \quad [\text{V}] \tag{3.8}$$

となります．ここで±の意味は，アクセプタをドーピングしたときには ΔV_T は正の，ドナーをドーピングしたときには負の値をもつことを意味します．この方法によってしきい電圧は正にも負にもすることができます．

問 3.4 $t_{OX} = 5$ [nm] の MOSFET にドナーを $N_I = 10^{16}$ [m^{-2}] チャネルドーピングした場合のしきい電圧の変化 ΔV_T を求めよ．

3.6 MOSFET の電流–電圧特性

MOSFET のドレイン電流 I_D はゲート電圧 V_{GS} およびドレイン電圧 V_{DS} によって図 3.6 のように変化します．電流–電圧特性は $J = Q_I \cdot v$ より求めることができます．ここで J はチャネル幅 W の方向の単位長さ当たりの電流 (単位は [A/m]) です．V_{GS} を大きくするとチャネル内のキャリヤ密度 Q_I が増大して I_D は増加します．また，V_{DS} を大きくするとソースからドレインに向かうチャネル内のキャリヤの速度 v が大きくなり電流は増加します．いま，図 3.6 中の 1 本の特性，言い換えれば，ある一定の V_{GS} を与えながら V_{DS} をゼロから大きくしていった場合に，チャネル内のキャリヤ密度がどのように分布するかを考えてみましょう．図中の a 点のように V_{DS} が V_{GS} に比べて十分小さいとき，チャネル内のキャリヤ密度 $|Q_I|$ はほぼ一様でしょう．その様子を

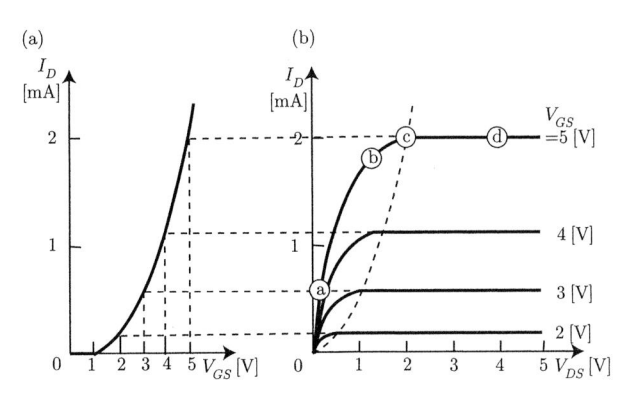

図 3.6 MOSFET の電流–電圧特性

(a)ⓐ 点　　　　　(b)ⓑ 点　　　　　(c)ⓒ 点　　　　　(d)ⓓ 点

ピンチオフ　　　ピンチオフ点

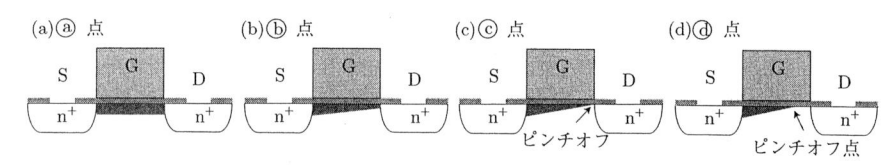

図 **3.7**　バイアスによるチャネルの状態の変化

図 3.7(a) のように描きます．V_{DS} を大きくしていくと，ドレインに近い側での $|Q_I|$ は低下します．なぜならば，ソース側の端ではゲートとチャネル間の電位差は $V_{GS} - 0$ (ソースの電位) $= V_{GS}$ であるのに対し，ドレイン側の端でのそれは $V_{GS} - V_{DS}$ であり，ソース側よりも小さいからです．$|Q_I|$ の大きさをチャネル厚さにたとえて表現すると，図 3.6 の b 点でのチャネルの様子は，図 3.7(b) のように描けます．さらに V_D を大きくしていき $V_{DS} = V_{GS} - V_T$ になると，ドレインの端ではチャネル内のキャリヤ密度はゼロになるので，チャネルの状態は図 3.7(c) のように描けます．この状態をピンチオフ (pinch off) 状態と呼び，$|Q_I| = 0$ の点をピンチオフ点といいます．さらに V_{DS} を大きくすると図 3.7(d) のようにピンチオフ点がソース側に向かって移動します．ピンチオフ点とドレインの間はキャリヤの存在しない空乏領域になります．

a 点 ($V_{DS} \ll V_{GS} - V_T$)：特性を定式化するために，図 3.8 に示す諸量を用います．a 点では，Q_I は一様に $Q_I = -C_{OX}(V_{GS} - V_T)$ となります．ここで負号はキャリヤが自由電子であることを意味します．このキャリヤが速度 $v_n = \mu_n(-E_x)$ でドレインに向かってドリフトします．ここで負号がつくの

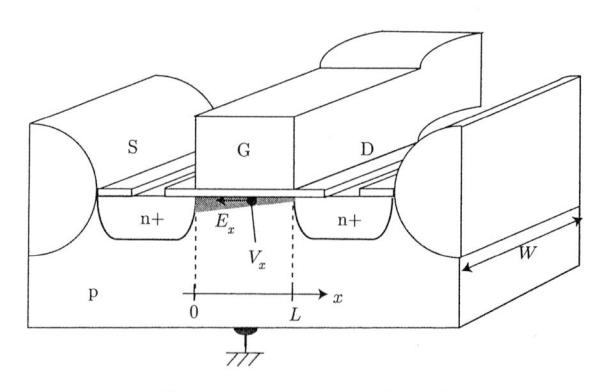

図 **3.8**　MOSFET のチャネル電位

は電界の向きが x とは逆の方向だからです．ソース端からドレイン端の距離をチャネル長 L と呼びます．すると，$E_x = -V_D/L$ ですから $v_n = -\mu_n(V_D/L)$ となります．チャネルの奥行き方向の大きさ W をチャネル幅といいます．するとドレイン電流は

$$\begin{aligned} I_D &= Q_I \cdot v_n \cdot W \\ &= -C_{OX}(V_{GS} - V_T)\left(-\mu_n \frac{V_{DS}}{L}\right)W \\ &= \mu_n C_{OX} \frac{W}{L}(V_{GS} - V_T)V_{DS} \end{aligned} \quad (3.9)$$

となります．I_D が V_{DS} に比例することから，V_{DS} が小さいこの領域を線形領域 (linear region) と呼びます．

b 点：b 点では $|Q_I|$ が一様ではなく，チャネルに沿って変化します．いま，チャネル内の任意の点 x の電位を V_x とすると，

$$Q_I(x) = -C_{OX}(V_{GS} - V_T - V_x) \quad (3.10)$$

となります．またこの点における電界 E_x は $E_x = -dV_x/dx$ ですから

$$\begin{aligned} I_D &= -C_{OX}(V_{GS} - V_T - V_x)\mu_n \left(-\frac{dV_x}{dx}\right)W \\ \therefore I_D dx &= \mu_n C_{OX} W (V_G - V_T - V_x) dV_x \end{aligned} \quad (3.11)$$

となります．ソース端 $x=0$ では $V_x=0$，ドレイン端 $x=L$ では $V_x=V_{DS}$ であることを考えて積分範囲に留意すると，

$$\int_0^L I_D dx = \int_0^{V_{DS}} \mu_n C_{OX} W (V_{GS} - V_T - V_x) dV_x \quad (3.12)$$

となります．I_D は x によらず一定なので積分記号の外に出して積分して整理すると

$$I_D = \mu_n C_{OX} \frac{W}{L}\left[(V_{GS} - V_t)V_{DS} - \frac{V_{DS}^2}{2}\right] \quad (3.13)$$

となります．V_{DS} が小さく，第2項目が無視できるような領域で a 点と同じ式になるので，この領域も含めて線形領域と呼ぶこともあります．

c 点および d 点 $(V_D \geqq V_G - V_T)$：上で述べた考え方をそのまま使って電流を導けます．この場合 $V_{DS} = V_{GS} - V_T$ でドレイン端がピンチオフするので，上式の V_{DS} にこれを代入し

$$I_D = I_{Dsat} = \frac{1}{2}\mu_n C_{OX} \frac{W}{L}(V_{GS} - V_T)^2 \quad (3.14)$$

となります．I_D が V_{DS} によらず一定となる，言い換えれば，V_{DS} の増加に対して I_D は飽和するので飽和領域 (saturation region) と呼びます．c 点以上に V_{DS} を大きくした場合に電界 E_x が大きくなり，その分電流は大きくなっても良いのでは，との疑問を抱く人がいるかもしれません．実は I_D が飽和するドレイン電圧を V_{Dsat} と呼ぶと，V_{Dsat} 以上のドレイン電圧の増加分 $V_{DS} - V_{Dsat}$ は，ピンチオフ点とドレインの間の空乏層に加わり，ソース端からピンチオフ点の間に加わる電圧は V_{Dsat} で一定となるため，チャネル内のキャリヤを加速する電界は変わりません†．

p チャネルに対しては，上の一連の式で μ_n を μ_p で置き換えた式で表現できます．ただし，電圧の正負および電流の方向は n チャネルとは逆になります．

3.7 トランジスタ設計の考え方

集積回路中のトランジスタの設計において基本となる考え方は，加わる電圧に対して所望の電流 I_D が流れるようにすることです．上の式において移動度 μ_n は物性値であり，我々は自由に制御できません．C_{OX} はゲート絶縁膜の厚さ t_{OX} を変えて変化させることができます．ただし，集積回路ではトランジスタを一括して作製するために，個々のトランジスタで t_{OX} を変えることは行いません．V_T も同様です．したがって集積回路内のトランジスタ設計の基本は W と L の比 W/L，すなわちトランジスタの大きさを設計することになります．

3.8 MOSFET の分類

MOSFET は n チャネル，p チャネルという分類に加えてエンハンスメント型 (E 型)，デプレーション型 (D 型) という分類ができます．3.5 節で述べたよ

---

† ピンチオフ点がソース側に向かって移動することで実効的なチャネル長が変わり，I_D はわずかに増加します．これをチャネル長変調効果といい，第 5 章で詳しく述べます．

うにしきい電圧は正，負どちらの値にも設定することができます．n チャネル MOSFET では $V_T > 0$ のものを E 型，$V_T < 0$ のものを D 型と呼びます．p チャネル MOSFET では逆に $V_T < 0$ のものを E 型，$V_T > 0$ のものを D 型と呼びます．まとめていえば，V_{DS} を加えた状態で $V_G = 0$ としたとき，I_D が流れないものが E 型，I_D が流れるものが D 型です．これらの分類を MOSFET の記号†とともに図 3.9 に示します．記号中の矢印は，チャネルと基板間の pn

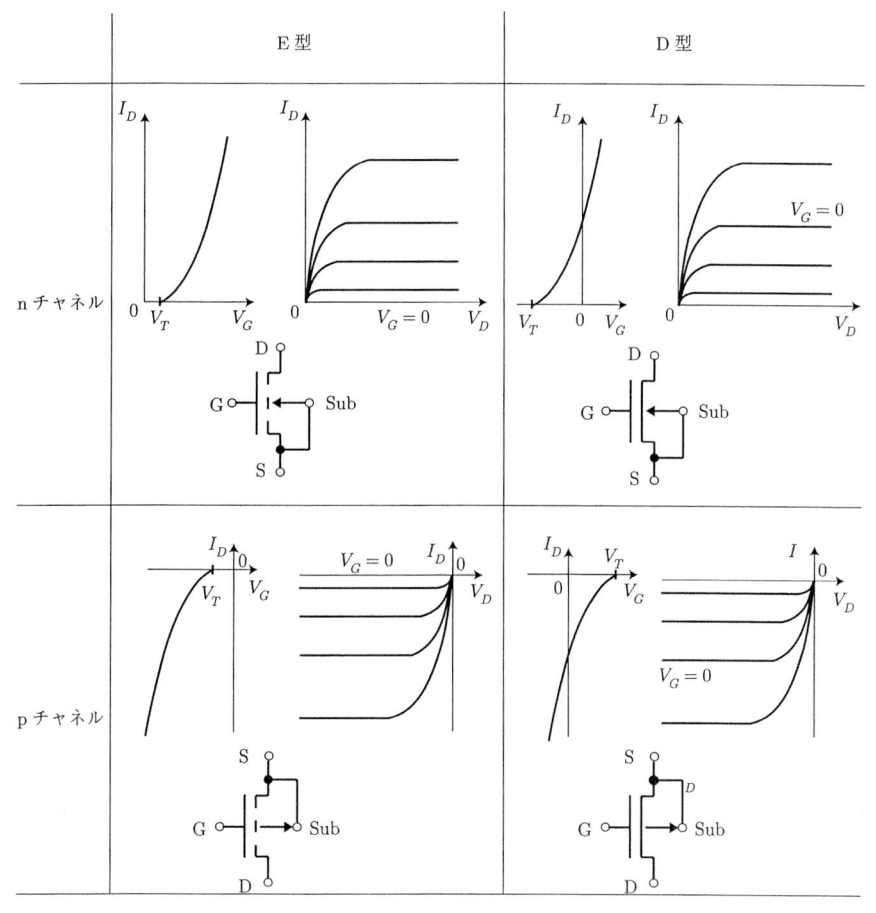

図 3.9 MOSFET の分類と記号

† MOSFET についてはいくつかの記号が用いられていますが，本書ではデバイス設計からみて最もわかりやすいこれらの記号を使うことにします．

接合をダイオードとみなしたときの方向を表しています．すなわち，p型からn型に向かう矢印になっています．

3.9 素子間分離

集積回路ではトランジスタ間を電気的に絶縁する必要があります．回路図上には表れないため見逃されがちですが，トランジスタは導電性をもつ一つの半導体上に形成されるので，集積回路ではトランジスタ間を絶縁分離するための工夫が必要となります．MOSFET 間が導通するのを避けるためには，MOSFET 間にチャネルが形成されるのを妨げれば良いことになります．そのため，図3.1に示したように，MOSFET 周辺の領域 (これをフィールド (field) 領域といいます) の絶縁膜 (SiO_2 膜) を厚くし，場合によってはその下の半導体の不純物密度を大きくすること†によって素子間分離 (isolation) を行っています．

これらの手法は，式 (3.7) において C_{OX} を小さくするとともに $|Q_B|$ を大きくしてフィールド領域のしきい電圧 V_T を大きくしていることになります．これによってフィールド領域の SiO_2 薄膜上に配線が配置され，そこに電圧が加わってもその下にチャネルが形成されないようにしています．

3.10 バイポーラトランジスタ

集積回路に利用されるトランジスタとして，MOSFET のほかにバイポーラトランジスタ (bipolar junction transistor) があります．n チャネル MOSFET は，ソースからドレインに向かう npn 型接合構造の p 型部分の表面の電位を，絶縁されたゲートで制御して反転層を形成し，両側の n 型領域間に導通状態を作りだすものでした．一方，バイポーラトランジスタは，図3.10(a) のように，ゲート電極を直接 p 型部分に接続したものであるといえます．この違いが両者の動作機構の違いを生み出します．バイポーラトランジスタの三つの端子をそれぞれ，エミッタ (emitter)，ベース (base)，コレクタ (collector) と呼びます．

図3.10(a) のようにバイアスすると，エミッタ/ベース間の pn 接合ダイオードは順方向にバイアスされ，ベース/コレクタ間は逆方向にバイアスされます．順方向にバイアスされたエミッタ/ベース接合では，エミッタからベースに自由

---
† この不純物密度の高い領域をチャネルストップといいます．

3.10 バイポーラトランジスタ

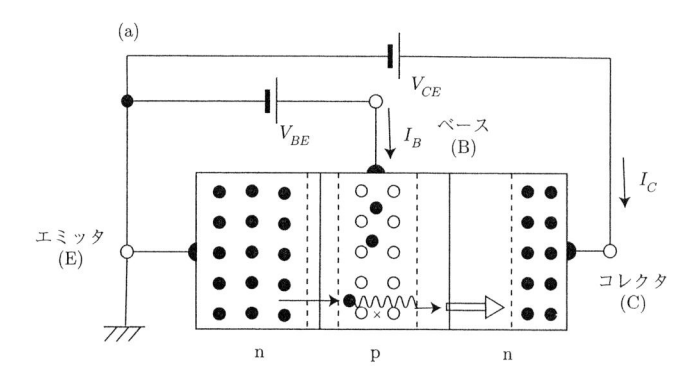

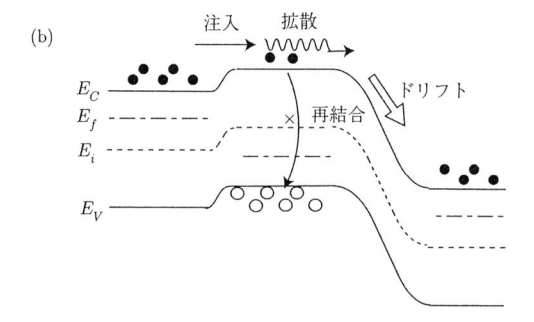

図 3.10 バイポーラトランジスタの構造と動作
(a) 構造とキャリヤの流れ，(b) 動作状態におけるエネルギーバンド図．

電子が注入され，それらは拡散によってベース/コレクタ接合に向かって流れます．MOSFETでは，チャネル内をドリフトによってキャリヤが流れることとは対照的です．

自由電子は，p型中を拡散する間に正孔との再結合によって消滅しますが，p型領域の長さを短くすれば，大部分の自由電子はベース/コレクタ接合に到達します．ベース/コレクタ接合は逆方向にバイアス，すなわち，n型コレクタに自由電子をドリフトで引きこむ方向にバイアスされているので，接合面に到達した自由電子はコレクタ電流 I_C として流出します．

p型ベース中で正孔と再結合して消滅する自由電子分がおよそベース電流 I_B となります．再結合する自由電子の割合は一定であるので，ベース電流 I_B とコレクタ電流 I_C との間には

(a) npn 型　(b) pnp 型

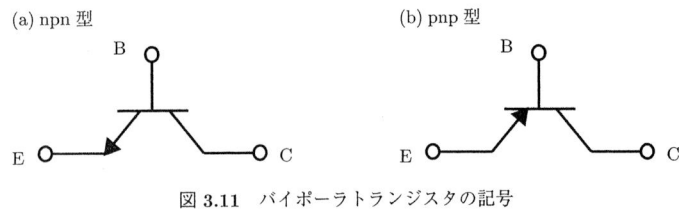

図 3.11　バイポーラトランジスタの記号

$$I_C = \beta I_B \tag{3.15}$$

なる比例関係が成り立ちます．この比例定数 β を電流増幅率と呼びます．

　バイポーラトランジスタはこのように，出力電流 I_C を入力電流 I_B によって制御する増幅素子であるとみなすことができます．MOSFET に比べて大きな電流を流すことができること，出力電流の飽和特性が良いこと，表面の影響の少ない素子であることなどから，高周波増幅回路を内蔵する集積回路やアナログ集積回路に利用されています．図 3.10 では横型に配置した接合構造を描きましたが，ベース領域の長さを短くする必要があることなどから，縦型に配置した構造が一般的です．

　MOSFET に p チャネル素子があるのと同様に，pnp 型バイポーラトランジスタも構成できます．素子の記号を図 3.11 に示します．エミッタ部分の矢印は電流の向きを表します．

演習問題

3.1　式 (3.3) を導出せよ．

3.2　以下の諸元をもつ n チャネル MOSFET の I_D–V_{DS} 特性を描け．ただし，V_{DS} は 0〜5[V] の範囲，V_{GS} は 0〜5[V] の範囲で 1[V] ごとに増加させるものとする．$\mu_n = 0.05 [\mathrm{m}^2/\mathrm{Vs}]$，$t_{OX} = 20 [\mathrm{nm}]$，$W = 4 [\mu\mathrm{m}]$，$L = 1 [\mu\mathrm{m}]$，$V_T = +1 [\mathrm{V}]$ （表計算ソフトを利用すると便利であろう）．

3.3　絶縁体に加える電界強度を大きくしていくと，やがては絶縁が破壊される．この電界を絶縁破壊電界と呼ぶ．LSI のゲート絶縁膜として利用する SiO_2 の絶縁破壊電界は作製プロセスにもよるが高品質のものでは $10^9 [\mathrm{V/m}]$ が得られる．この値を使って，n チャネル MOSFET にチャネル内に誘導できる最大の電子密度を求めよ．また，それを Si 結晶における Si 原子の面密度と比較せよ．

3.4　図 3.12 は，MOSFET に B をチャネルドープしたしたときのチャネルドープ

量 N_I としきい電圧 V_T の変化分 ΔV_T を示した実験結果である．この MOSFET のゲート SiO_2 膜の厚さを推定せよ．また，P をチャネルドープしたときにはどのような結果になると予想されるかを，図中に描きなさい．

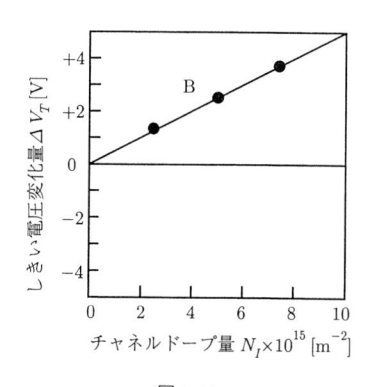

図 3.12

4. CMOSの製造プロセス

MOSFETの動作原理を理解したところで，MOSFETを使った集積回路の製造工程について学んでおきましょう．

4.1　CMOSの製造プロセス

集積回路はフォトリソグラフィー(写真蝕刻)と呼ばれる写真製版と似た技術を使って製造します．図4.1にフォトリソグラフィーによる薄膜の加工工程の例を示します．この例では，Si基板表面に形成したSiO₂膜表面に，アルミニウム(Al)配線を形成しています．全面に形成されたAl薄膜の表面に，フォトレジストと呼ばれる感光性樹脂膜を塗布します†．これに，回路図形パターンを描いたフォトマスク越しに紫外線を照射し，現像すると，紫外線が照射された部分が溶解し，回路図形パターンを感光性樹脂膜のパターンとして転写できます．これを保護膜にして，露出している部分のAlをガスや薬品と反応させて

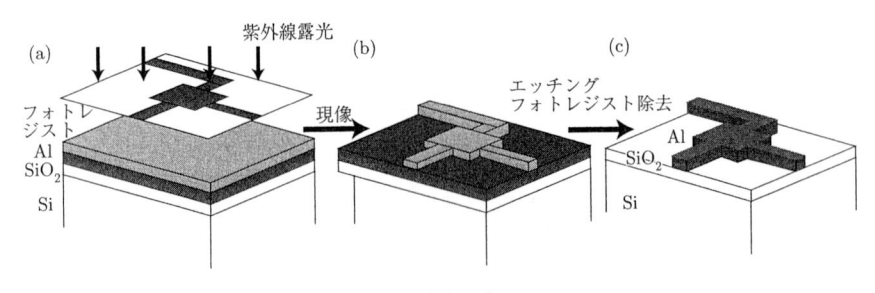

図 4.1　フォトリソグラフィー

---

† Si基板を回転させて均一に塗布するスピンコートと呼ばれる手法が最も一般的に使われます．

除去すると，Al 配線パターンを形成できます．

　集積回路はこのフォトリソグラフィー工程を繰り返しながら作製していきます．ひとつのフォトマスクのセットで多数の集積回路チップを同時に製造することが可能です．これが，集積回路が広く社会に浸透していった大きな理由の一つといえるでしょう．

　これから，このフォトリソグラフィーを使って製造する CMOS 集積回路のプロセスを学びましょう．MOSFET を微細化すると LSI の性能を向上できるため，より微細な加工を可能とする新しい技術が次々に開発され，それに伴いプロセスも変わります．しかし，一つのプロセスを理解すれば，新しく変わっても応用が利きます．

　まず，素子間分離から始まります．素子間分離のためのフィールド酸化膜の形成には選択酸化 (local oxidation of silicon)，略して LOCOS (ロコス) と呼ぶ方法または STI (shallow trench isolation) のいずれかが用いられています．

　LOCOS の工程を図 4.2 に示します．まず，Si 表面に保護用の SiO_2 膜 (パッド酸化膜と呼ぶことがあります) を熱酸化法で形成します．熱酸化とは，酸素

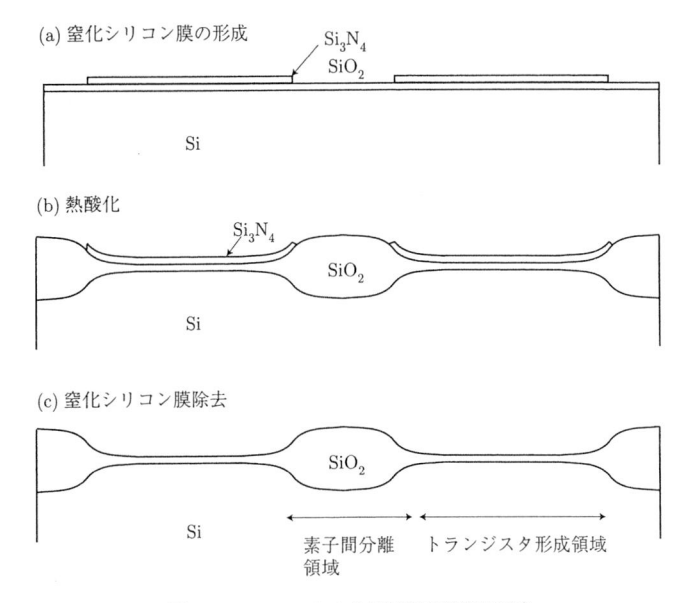

(a) 窒化シリコン膜の形成

(b) 熱酸化

(c) 窒化シリコン膜除去

図 4.2　LOCOS による素子間分離領域形成

(a) shallow trench (浅溝) の形成

Si_3N_4
SiO_2
Si

(b) 二酸化シリコン膜の堆積

SiO_2
Si

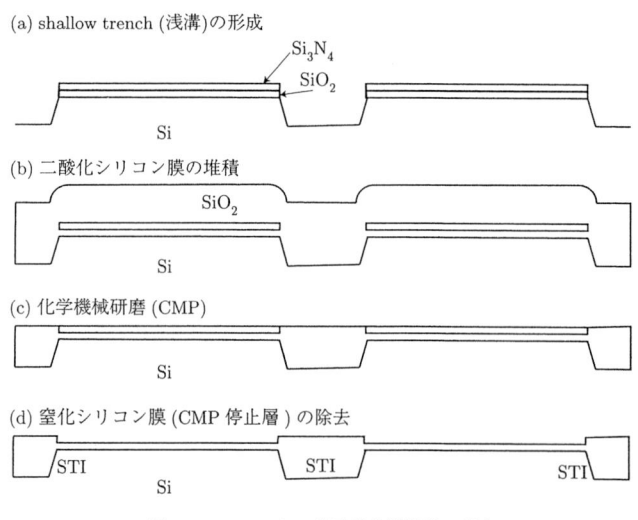

(c) 化学機械研磨 (CMP)

Si

(d) 窒化シリコン膜 (CMP 停止層) の除去

STI STI STI
Si

図 4.3 STI による素子間分離構造の形成

ガスや水蒸気中で Si ウェーハを 1000[°C] 前後に加熱して表面を酸化し良質の SiO_2 を形成する方法です．その上部のトランジスタ形成領域に，窒化シリコン (Si_3N_4) 膜を形成します (図 4.2(a))．Si_3N_4 膜は原子密度が大きく，高温にしても酸素などの酸化作用をもつ原子が内部を通過しません．したがって，この構造を酸化すると，Si_3N_4 膜のない部分のみが酸化して，図 4.2(b) のようになります．この厚く形成した SiO_2 膜部分が素子間分離領域になります．なお，この工程でパッド SiO_2 膜は，Si_3N_4 膜と Si との間の熱膨張率の違いによる歪みの発生を緩和する役割を果たします．

LOCOS では，表面に SiO_2 膜の厚さの約半分の段差ができるためにその後のフォトリソグラフィーにおける解像性が劣化します．また，酸化が Si_3N_4 膜周辺では横方向に進行するため，チャネル幅と Si_3N_4 膜のパターン寸法とに相違が生じます．これらはいずれも，素子を微細化する上では障害になります．そのため，加工寸法が $0.18[\mu m]$ 以降の技術では，これから述べる STI が用いられるようになっています．

STI はまず，図 4.3(a) のように，Si 基板表面に形成した SiO_2, Si_3N_4 膜の一部をフォトリソグラフィーで開口し，開口部の Si を彫りこみます．この彫

り込みを shallow trench といいます．その後，化学気相堆積 (chemical vapor deposition, CVD) 法によってガスを原料にして SiO_2 膜を堆積します．この状態が図 4.3(b) です．この後，CVD で堆積した SiO_2 を CMP (chemical mechanical polishing) という方法で研磨して平坦にします (図 4.3(c))．Si_3N_4 膜は研磨を停止する役割を果たしますが，この段階で役割を終えたので除去します (図 4.3(d))．その後表面の保護のために薄い SiO_2 を，Si を熱酸化して形成します．

以後では，STI の構造図を用いて説明を進めます．STI の次は，ウェルの形成です (図 4.4)．n チャネル MOSFET を作る領域にイオン注入という方法でホウ素 (B) を導入して p 型にします．イオン注入とは，例えばホウ素の陽イオン B^+ を電界で加速して，Si 中に打ちこむ方法です．加速されているので表面にある SiO_2 膜を突き抜いて Si 中に導入できます．ただ，イオンの衝突で Si 結晶に欠陥が生成されるので，イオンを注入した後は 800～1000[°C] で熱処理して結晶を回復する必要があります．なお，図 4.4 のようにイオン注入の際に，不要な領域にはイオンが注入されないようイオンを停止させる役割をもつフォトレジストを形成しておきます．

作製した p 型領域を p ウェルと呼びます．ウェル (well) は井戸の意味であり，ほかの領域に比べて表面から深い位置まで不純物を導入しているので，こ

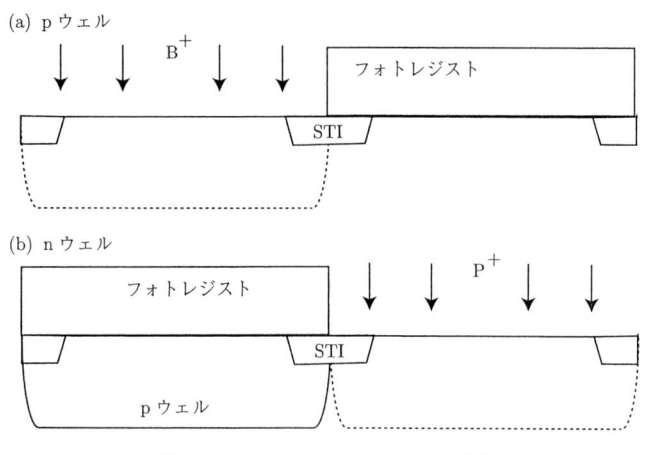

図 4.4　p ウェルおよび n ウェルの形成

のように名付けられています．タブ (tub) という呼び方もあります．

引き続いてリンイオン P^+ を注入して n ウェルを形成します (図 4.4(b))．なお，これらウェルの形成のプロセス設計では，しきい電圧 V_T が適切となるように B や P の表面密度を設計します．

次にゲート酸化膜を形成します．これには最も高品質な SiO_2 膜を形成できる熱酸化を用います．しきい電圧や動作の安定性，信頼性はこのゲート酸化膜の品質に大きく左右されるので，慎重に処理されます．その上にゲート電極を形成します (図 4.5)．ゲート電極は，それを形成した後には，例えばイオン注入の後の熱処理など高温処理を施しても蒸発や変形を起こさず，また，周囲を汚染しない物質であることが要求されます．そのため，多結晶 Si がゲート電極材料として用いられます．多結晶 Si 膜は熱 CVD 法によって堆積します．それをフォトリソグラフィーでゲート電極の形状に加工します．このゲート電極の寸法がゲート長 L を決めることになります．

次は，ソース，ドレインの形成です．p チャネル，n チャネルとそれぞれ比較的少量の不純物を導入した後，ゲート電極の側壁に SiO_2 を形成して多量の不純物を導入するという 2 段階の不純物導入工程を用います．1 段目の比較的少量の不純物を導入して形成されるソース・ドレインを LDD (lightly doped drain) といいます．MOSFET の原理からすれば，2 段目の不純物濃度の大きな領域のみ形成すれば動作するのですが，不純物を比較的少量，つまり軽くドープして形成した領域を挿入することによってドレイン近傍での電界強度を小さく抑えることができ，微細化しても安定に動作する MOSFET を作ることができます．もし，1 段目の LDD 形成工程だけにするとソース・ドレイン部分の抵抗が大きくなり，高速動作の妨げとなります．

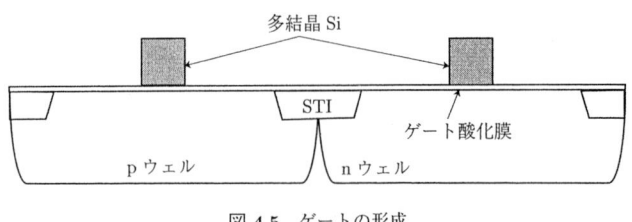

図 4.5 ゲートの形成

4.1 CMOSの製造プロセス

(a) pチャネル LDD

BF_2^+

フォトレジスト

STI

(b) nチャネル LDD

As^+

フォトレジスト

STI

図 4.6 LDD の形成

(a)

SiO_2 の全面堆積

STI

(b)

ゲート側壁

STI

図 4.7 ゲート側壁形成

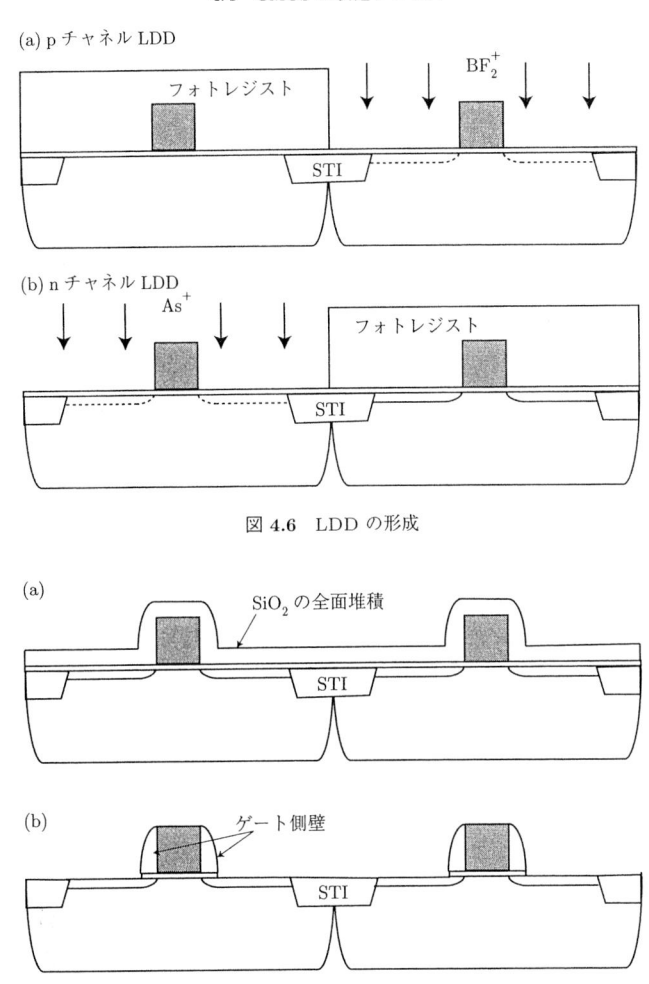

図 4.6(a) が p チャネルの LDD,図 4.6(b) が n チャネルの LDD 形成工程を表しています.LDD を形成した後は図 4.7 に示すゲートの側壁の形成になります.この構造は,前面に CVD で側壁材料である SiO_2 膜を堆積した後,表面に垂直方向に強く加工が進行する異方性エッチング技術を使って形成することができます.

このようにしてゲート電極側壁を形成した後,pチャネル用にはB(図4.8(a))

(a) p チャネル ソース・ドレイン

(b) n チャネル ソース・ドレイン

図 **4.8** ソース・ドレイン形成

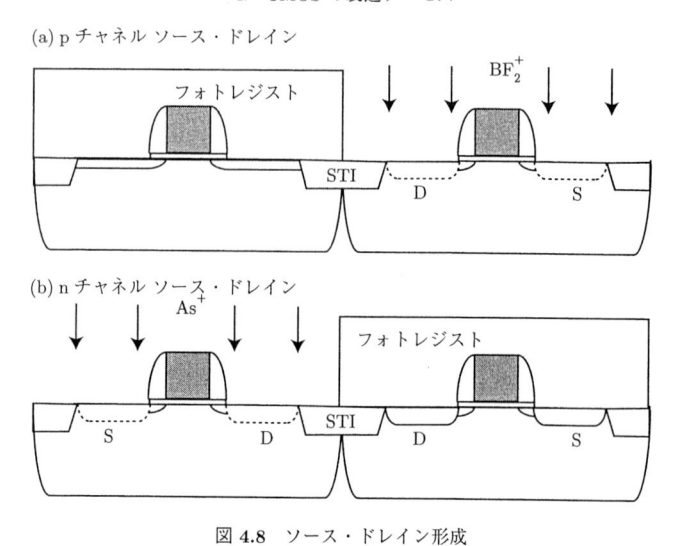

を，n チャネル用には As (図 4.8(b)) を多量に導入してソース・ドレインとします．なお，B のイオン注入には，B^+ ではなく，BF_2^+ を注入する方法がしばしば用いられます．これは，微細化した MOSFET ではソース・ドレイン部の pn 接合をできるだけ Si 表面に近い位置 (これを "浅い" 位置といいます) に形成する必要があるのですが，化合物を用いることによって，実効的に B 原子に付与されるエネルギーが小さくなるため，B を浅く導入しやすいからです．F 原子の多くは熱処理すると拡散し，表面から抜け出て悪影響を及ぼさないため，このような方法を用いることができます．n チャネルのソース・ドレインのドーパントには As が用いられます．これは As の方が P よりも熱処理工程で拡散しにくく，また Si 中に多量に導入しやすいため，低抵抗の浅い pn 接合を作りやすいからです．

　集積回路内のトランジスタを設計，製造する際，トランジスタの本質的な動作に必要な部分以外の抵抗や容量など[†]をできるだけ小さくする工夫がなされます．MOSFET のソース・ドレイン部分の抵抗を下げるために，ソース・ドレイン部分の表面近傍を金属化する方法が用いられます．金属は Si と反応して金属シリサイド (metal silicide) を形成するものが用いられます．図 4.9 に

---

† これらを寄生抵抗，寄生容量と呼びます．

4.1 CMOSの製造プロセス

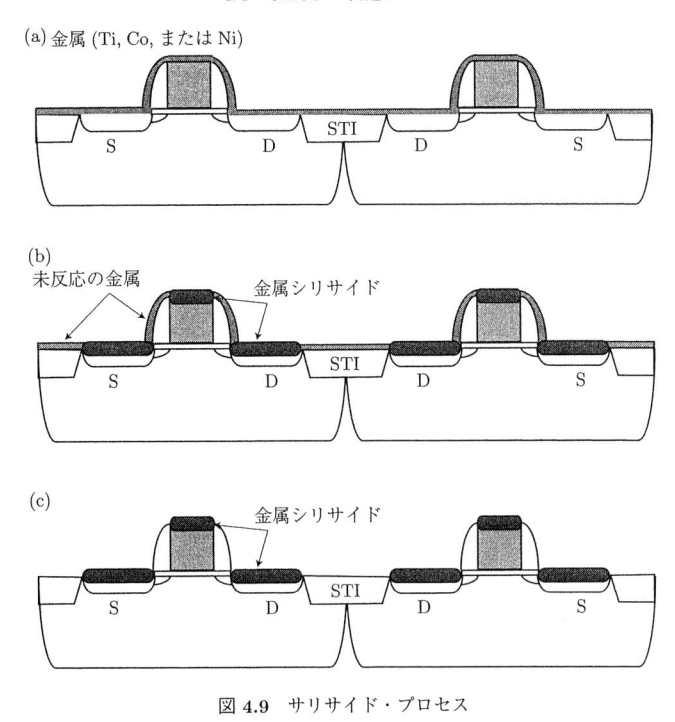

(a) 金属 (Ti, Co, または Ni)

(b) 未反応の金属　金属シリサイド

(c) 金属シリサイド

図 4.9　サリサイド・プロセス

ソース・ドレイン部分に金属シリサイドの薄膜を形成するプロセスを示します．不純物導入を終えたソース・ドレイン部分の表面に金属膜を堆積します．熱を加えると，Siと接触している部分，すなわち，ソース・ドレイン部とゲート多結晶Si表面には，金属シリサイドが形成されます．ゲートの側壁部やフィールド酸化膜上では，金属シリサイドが形成されません．そのため，金属は溶解するが金属シリサイドは溶解しない薬品で処理すると，図4.9(b)のように，金属シリサイドがソース・ドレイン部，およびゲートの多結晶Siの表面に形成された構造になります．この工程ではフォトマスクを使用せずに特定の位置(ソース・ドレイン部)に形成できます．そのため，この工程を自己整合プロセス (self aligned process) と呼び，この方法で作ったシリサイドをサリサイド (self aligned silicide, SALICIDE) といいます．

　以上で，Siそのものが関わる製造プロセスは終了で，次に配線工程に移りま

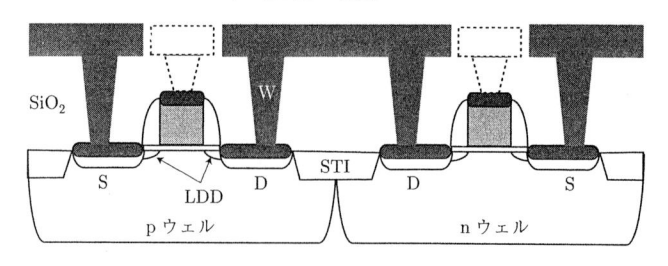

図 4.10 CMOS の断面

す．まず，ソース・ドレインおよびゲート電極への接続配線の形成です．図 4.10 に示すように，絶縁膜 SiO_2 を CVD 法で堆積した後，接続 (コンタクト) 孔を開口します．この開口は，アスペクト比†の大きい孔なので，それを埋めやすい特性をもつ金属 (タングステン，W) の CVD 法によってこの孔を埋めこみます．この金属をビア (via) 配線といいます．ビアは配線上に通常の横方向接続する配線を形成します．配線材料は Al ですが，長期使用に耐える信頼性を確保するために，異種元素を混ぜた Al を用いたり，Al 膜の上下を高融点の材料で被覆するなどの工夫がなされます．

マイクロプロセッサーなどでは配線を 6 層や 8 層などの多層配線とします．多層配線の上層側の材料として銅 (Cu) が用いられます．Cu は Al などに比べ抵抗が小さく，また長期使用にともなう断線も起こりにくいため用いられるようになりました．ただし，Cu はエッチング加工が困難なため，CMP 法によって不要部分を除去する方法で配線を形成していきます．

上記の CMOS 製造プロセスで用いた成膜や加工技術のうち，主なものの概要を表 4.1 に示します．

4.2 集積回路設計の流れ

これまでに述べた製造プロセスは，フォトマスクの設計が終了した時点から開始しますが，ここではフォトマスク上のレイアウト設計までの流れも含めてディジタル論理 LSI を例に，集積回路設計全体の流れを知っておきましょう．図 4.11 に LSI の設計の流れを示します．

---

† 開口径 (太さ) と深さ (高さ) の比を，アスペクト比と呼び，大きいほど加工が難しくなります．

表 4.1 LSI プロセス要素技術の概要

プロセス技術	概要・概念図	利用する工程
イオン注入	B, P, As などのドーパントをイオン化して高電圧 (数 [kV]〜数百 [kV]) を加えた真空空間で加速し, 半導体中に打ちこむ方法. 注入の際に結晶欠陥を生じるので注入後に熱処理 (800[°C]〜1000[°C]) を施す必要がある. イオン電流を計測することで半導体中に打ち込んだ量を正確に計測できること, 打ち込んだイオンの深さ方向分布を加速エネルギーで正確に定められることから, この技術の導入で LSI の製造が可能になった.	・ウェル形成 ・しきい値制御 ・ソース・ドレイン形成などすべての不純物導入工程
熱酸化	Si を 1000[°C] 程度に加熱して酸化性雰囲気 (酸素ガス中, 水蒸気中) にさらすと表面が酸化して SiO_2 膜が形成される.	・ゲート絶縁膜 ・表面保護膜形成
化学気相堆積 (CVD)	半導体表面で, 原料ガスを化合反応させて固体を析出し, 薄膜を形成する. ウェーハを加熱するのみで薄膜形成するものを熱 CVD と呼び, プラズマ放電を利用して低温化する方法をプラズマ増速 CVD (PECVD) 法と呼ぶ.	・素子間分離領域 SiO_2 堆積・素子間分離領域 SiO_2 堆積 ・ゲート多結晶 Si 膜堆積 ・層間絶縁膜堆積 ・via 配線用金属 (W) 形成

表 4.1 LSI プロセス要素技術の概要 (つづき)

プロセス技術	概要・概念図	利用する工程
スパッタ	プラズマ中のイオンが物質 (ターゲットと呼ぶ) に当たった際に，ターゲット表面から原子を弾き飛ばし (スパッタ) 蒸発させる現象を利用してターゲットと対向させた Si ウェーハの表面にターゲット材の薄膜を形成する．	・配線層の堆積
反応性イオンエッチング (RIE)	F や Cl など，化学活性が高く，反応生成物が蒸発しやすい元素を含むガスをプラズマ化し，これらのイオンを Si ウエーハ表面に垂直方向に引きこむことによって表面に対して垂直方向に加工を進行させる．	・STI 用トレンチ形成 ・ゲート電極形成 ・層間絶縁膜中の via 孔形成 ・Al 配線の形成
化学機械研磨 (CMP)	chemical mechanical polishing. 溝や孔を形成した表面に薄膜を堆積した後，全面を研磨剤 (スラリーと呼ぶ) を供給しながら研磨布 (ポリシングパッド) で研磨するように薄膜を除去すると，溝や孔の部分に薄膜材料 (SiO_2 や Cu などが) 残る現象を利用したパターン形成．	・STI 形成 ・Cu 配線

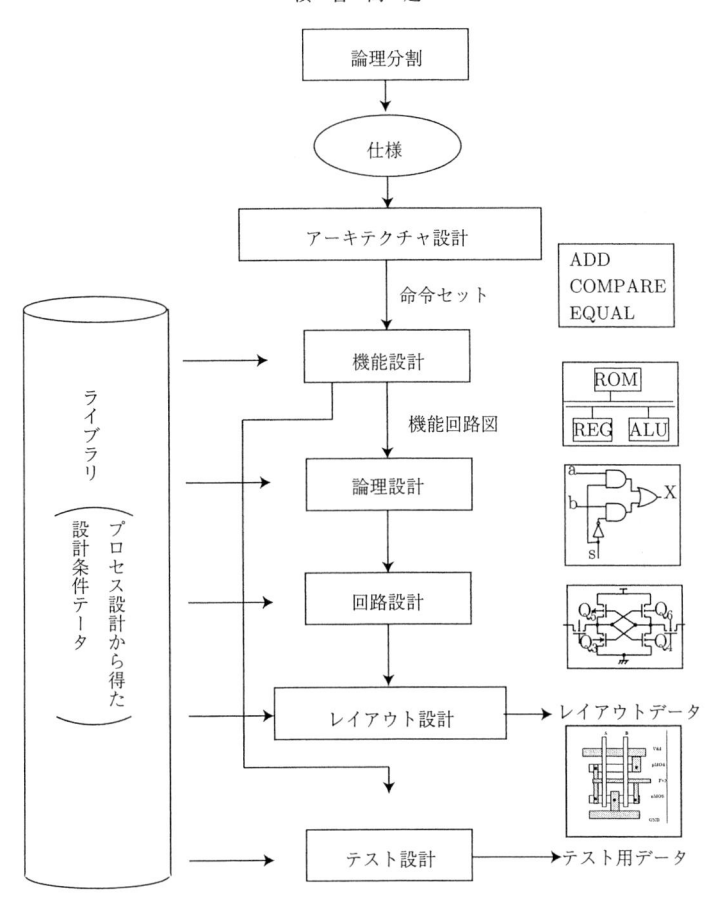

図 4.11 LSI 設計の流れ

演習問題

4.1 Si の原子量は 28,密度は 2.33 [kg/m^3] である.Si の原子密度を求めよ.

4.2 Si をパッド酸化膜 (Si$_3$N$_4$ 膜の下の保護用の SiO$_2$ 膜) を用いずに LOCOS 法で選択的に酸化すると図 4.12 に示す断面をもつことになる.酸化膜全体の厚さ t_{OX} に占める t_1 と t_2 の割合を求めよ.ただし,Si の原子量と密度は 4.1 のとおりであり,SiO$_2$ の分子量は 60,密度は 2.27×10^3 [kg/m^3] である.

4.3 Si の熱酸化によって成長する SiO$_2$ の厚さ t_{OX} は,酸化初期では酸化時間に比

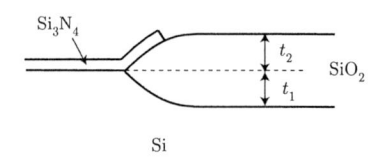

図 4.12 LOCOS による段差

例して増加し，その後は酸化時間の平方根に比例して増加する．酸化初期は Si と酸素の反応が速度を決定 (反応律速) するのに対し，酸化が進行した後は酸化剤がすでに成長した SiO_2 膜中を拡散する速度が酸化速度を決定 (拡散律速) するからである．さて，水蒸気を酸化剤に用いた熱酸化によって $1200[°C]$, $30[min]$ で $0.6[\mu m]$ の SiO_2 を成長させた．厚さ $1.2[\mu m]$ にするには，さらに何分間必要か．酸化初期から酸化剤の拡散が SiO_2 の成長を決定するとして求めよ．

4.4 イオン注入した不純物原子は次のガウス分布に従う．

$$N(x) = \frac{1}{\sqrt{2\pi}}\frac{N_\Box}{\Delta R_p}\exp\left[-\left(\frac{x-R_p}{\sqrt{2}\Delta R_p}\right)^2\right] \quad [m^{-3}] \quad (4.1)$$

ここで R_p は平均射影飛程，ΔR_p は標準偏差，$N_\Box$ は単位面積当たりの注入イオン数 $[m^{-2}]$ でドース (Dose) と呼ばれる．P と B の R_p と ΔR_p の数値例を表 4.2 に示す．以下の問いに答えよ．ただし，熱処理による拡散は無視できるものとする．

(1) $N_A = 10^{21}[m^{-3}]$ の p 型 Si に P^+ を $50[keV]$ で $N_\Box = 10^{17}[m^{-2}]$ 注入したときの P の最大濃度と接合深さを求めよ．

(2) BF_2^+ を $98[keV]$ で $10^{19}[m^{-2}]$ 注入したときの B の Si 表面での濃度と最大濃度を求めよ．

表 4.2 イオン注入分布パラメータの数値例

イオン種	加速エネルギー [keV]	R_p[nm]	ΔR_p[nm]
P	50	60	25
B	98	280	68
B	22	80	30

5. MOSFETのモデリング

　プロセスシミュレーションやデバイスシミュレーション技術が発達し，トランジスタの特性を高精度に予測できるようなっています．しかし，複数のトランジスタからなる回路の特性予測にこれらプロセスやデバイスのシミュレータを用いることはせず，デバイス特性をいったん回路モデルに置き換え，回路シミュレーションにより信号伝達特性の予測などを行い設計に利用します．なぜならば，プロセスシミュレータやデバイスシミュレータを直接に回路動作予測に利用しようとすると，計算量が膨大になり現実的ではないからです．

　ここでは，MOSFETの物理的な動作特性を回路モデル化する考え方について学びます．集積回路素子の特徴は，寄生抵抗や寄生容量が純粋なトランジスタ部分に付加されることです．ここでは主要な寄生成分の値を求める方法についても学びます．

5.1　電圧制御電流源

　発生する電圧は一定の値に決まるがそこを流れる電流は任意の値をとり得るものを電圧源と呼び，直流と交流を区別して，それぞれ図 5.1(a), (b) に示す記号を使って表します．

　一方，電流の値が一定の値に決まるが，その両端の電圧は任意の値を取り得るものを電流源と呼びます．電流源の記号を図 5.2(a), (b) に示します．電子回路を扱うとき，直流信号や振幅の大きな交流信号を大信号と呼び大文字の変数を使い，振幅の小さな交流信号を小信号と呼んで小文字の変数を使って表現する習慣があります．

　二つの端子の間の電位差によって電流が決まるものを電圧制御電流源と呼び，

図 5.1 電圧源の記号

図 5.2 電流源の記号

図 5.3 電圧制御型電流源の記号

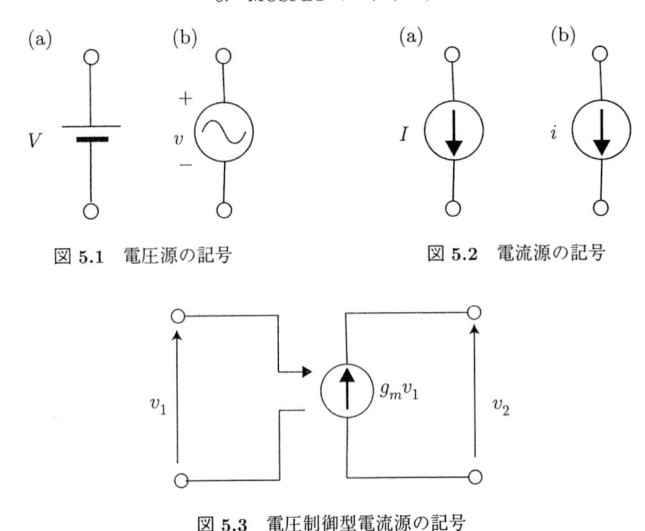

図 5.3 の記号を使って表します. 比例定数 g_m を伝達コンダクタンス (transconductance) と呼びます.

5.2 MOSFET の小信号モデル

MOSFET はゲート/ソース間に入力電圧を与えて, ドレイン電流を出力とする素子ですから, 電圧制御型電流源です. MOSFET のドレイン電流 I_D は, V_{GS}, V_{DS} の関数であることはこれまで述べたとおりです. I_D は基板バイアスによっても変化しますが, ここでは基板はソースと同じ接地電位に固定されているとして話を進めます. I_D や V_{GS}, V_{DS} を直流成分 I_{DQ}, V_{GSQ}, V_{DSQ} と交流成分 i_D, v_{GS}, v_{DS} に分けて表すと

$$I_D = I_{DQ} + i_D \tag{5.1}$$

$$V_{GS} = V_{GSQ} + v_{GS} \tag{5.2}$$

$$V_{DS} = V_{DSQ} + v_{DS} \tag{5.3}$$

となります. したがって, 折れ線近似を使うと

$$i_D = \left(\left. \frac{\partial I_D}{\partial V_{GS}} \right|_{V_{GS}=V_{GSQ}} \right) v_{GS} + \left(\left. \frac{\partial I_D}{\partial V_{DS}} \right|_{V_{DS}=V_{DSQ}} \right) v_{DS} \tag{5.4}$$

5.2 MOSFETの小信号モデル

となります．ここで，右辺第1項の係数

$$\left.\frac{\partial I_D}{\partial V_{GS}}\right|_{V_{GS}=V_{GSQ}} = g_m \tag{5.5}$$

が伝達コンダクタンス，同第2項の係数

$$\left.\frac{\partial I_D}{\partial V_{DS}}\right|_{V_{DS}=V_{DSQ}} = \frac{1}{r_D} \tag{5.6}$$

はドレイン端子からみた出力コンダクタンスであり，r_D を出力抵抗と呼びます．これらをドレイン電流–ドレイン電圧特性の図を使って表すと図 5.4 のようになります．つまり，g_m は V_{DS} を一定にしたときの V_{GS} の変化によるドレイン電流の変化分であり，r_D はドレイン電流 I_D の傾きから得られる値となります．したがって，MOSFET の小信号モデルは図 5.5 のように描けます．

　二つの点について説明を加えておきます．一つは電流の向きが図 5.3 とは逆になることです．もう一つは，入力に C_{GS} という容量が加わったことです．これは，上の数式からだけでは出てきませんが，MOSFET では，ゲートとチャネル間の静電容量によるキャリヤの誘導作用が動作の本質であり，この容量は欠かせません．なお，この容量が C_{GS} と表現されるのは，チャネルとソースは

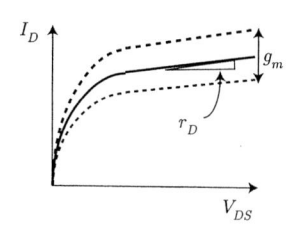

図 5.4　g_m および r_d のドレイン電圧–ドレイン電流特性上での意味

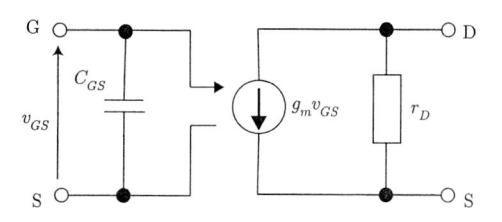

図 5.5　MOSFET の基本小信号モデル

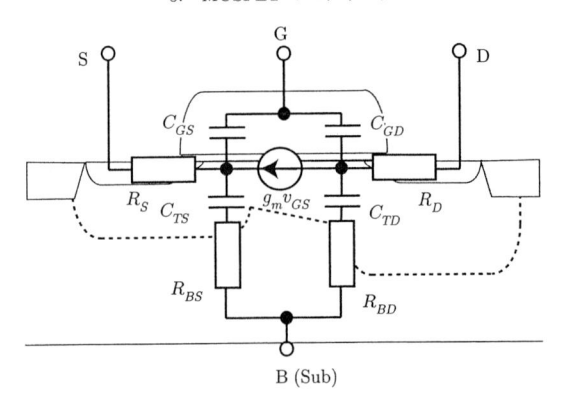

図 5.6 MOSFET の断面構造と小信号モデル

導通した状態にあるので,ゲート/チャネル間の容量はゲート/ソース間の容量となるからです.

5.3 小信号モデルの詳細

実際の MOSFET では,この基本的な小信号モデルに多くの寄生抵抗,寄生容量が付加されます.MOSFET の断面構造と回路記号との対応を,主要な寄生抵抗,寄生容量も含めて描いたものを図 5.6 に示します.

5.4 伝達コンダクタンス

飽和領域における伝達コンダクタンスは $I_D = I_{D\text{sat}}$ (式 3.14) とおくことにより

$$\begin{aligned} g_m &= \mu \frac{W}{L} C_{OX} (V_{GS} - V_T) \\ &= \sqrt{2\mu \frac{W}{L} C_{OX}} \sqrt{I_{D\text{sat}}} \\ &= \frac{2I_{D\text{sat}}}{V_{GS} - V_T} \end{aligned} \tag{5.7}$$

と求めることができます.右辺第 2 式はデバイス構造とドレイン電流が与えられたとき,右辺第 3 式はドレイン電流特性が与えられたときに用いることができます.

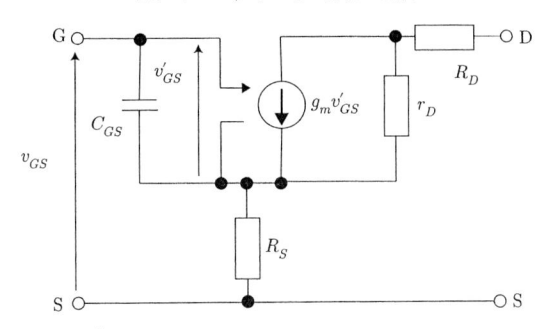

図 5.7 重要な寄生成分を考慮した MOSFET の小信号モデル

一般に，容量 C がもつコンダクタンスは周波数 f によって変化し，角周波数 $\omega = 2\pi f$ とすると，$j\omega C$ となります．したがって，寄生容量が特性に及ぼす影響は MOSFET に加わる周波数 f によって変わるので回路モデルに寄生成分をどこまで入れるかは，回路が取り扱う信号の周波数によって変わります．MOSFET を応用する際に考慮すべき基本的な寄生成分を用いた回路モデルを図 5.7 に示します．C_{GD} は C_{GS} に比べて十分小さいとみなせる場合が多いのですが，アナログ信号の増幅器ではドレイン側に増幅された信号が現れるので，その分 C_{GD} の影響が大きくなり，一概に無視できない場合もあります．

5.5 ソース，ドレイン部分の抵抗

ソース，ドレイン部分の抵抗 R_S, R_D のうち，特に R_S は MOSFET の特性に大きな影響を及ぼします．R_S での電圧降下により入力に加えた信号 v_{GS} の一部である v'_{GS} しか MOSFET の電流を制御する電圧として作用しないためです．このときの実効的な伝達コンダクタンス $g_{m\text{eff}}$ を求めてみましょう．

電流源に作用する電圧 v'_{GS} は

$$v'_{GS} = v_{GS} - R_S i_D = v_{GS} - R_S g_m v'_{GS} \tag{5.8}$$

なので

$$v'_{GS} = \frac{v_{GS}}{1 + g_m R_S} \tag{5.9}$$

よって $g_{m\text{eff}}$ は

$$g_{m\text{eff}} = \frac{g_m}{1 + g_m R_S} \tag{5.10}$$

となります.つまり,g_m が大きくなるほど R_S の存在による実効的な伝達コンダクタンス $g_{m\mathrm{eff}}$ の低下割合が大きくなってしまいます.微細化した MOSFET では,図 4.9 に示したようにソース・ドレイン部分に金属シリサイドを形成するのはこの R_S を小さく抑えるためにほかなりません.

ここで,R_S, R_D の抽出法について学んでおきます.MOSFET の線形領域での動作は式 (3.9) で導いたように以下の式で表せます.

$$I_D = \mu C_{OX} \frac{W}{L}(V_{GS} - V_T)V_{DS} \tag{5.11}$$

この式を変形すると

$$\frac{V_{DS}}{I_D} = \frac{1}{\mu C_{OX} W (V_{GS} - V_T)} L \tag{5.12}$$

となります.これはチャネルがもつ抵抗 R_{ch} と考えることができます.一つの半導体基板上に作った MOSFET は同時に作られるので,μ, C_{OX}, V_T は同じ値をもつとみなせます.そこで,W, L の異なる MOSFET を作製しておき,一定の V_{GS} を加えて測定端子からみた抵抗 R_{tot} を測定します.R_{tot} はチャネル抵抗 R_{ch} にソース,ドレインの抵抗 R_S, R_D が直列に接続されたものとみなせるので

$$R_{\mathrm{tot}} = \frac{V_{DS}}{I_D} = R_S + R_D + \frac{1}{\mu C_{OX} W (V_{GS} - V_T)} L \tag{5.13}$$

となります.したがって,図 5.8 に示すプロット図を作成すると,直線は 1 点で交わり,その点の縦軸の値が,$R_S + R_D$ となります.集積回路においては通常,MOSFET は左右対称の構造をとりますので,$R_S + R_D = 2R_S$ として $R_S(= R_D)$ を求めることができます.

5.6　実効チャネル長

LSI を作製するプロセス中に多くの熱処理工程が半導体には加わります.この熱処理中に半導体中の不純物は拡散してその分布を変えます.ソース,ドレイン部分のドーパントが距離 L_D にわたって拡散が生じたとすると,実効的なチャネル長 L (すなわち,ソース/ドレイン間の距離) は,ゲート電極の長さ L'

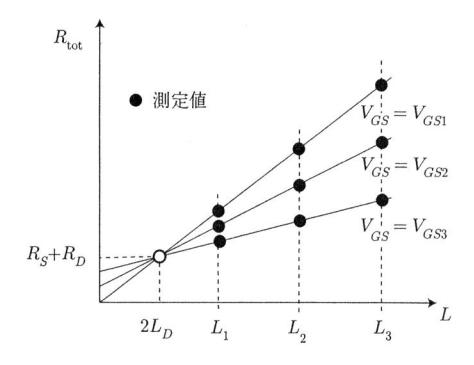

図 5.8 ソース・ドレイン抵抗と実効チャネル長の抽出

とは異なり

$$L = L' - 2L_D \tag{5.14}$$

となります.図 5.8 のプロットにおける交点からは L_D が求まるため,このプロットから実効チャネル長 L も求めることができます.

ここで述べた L や R_S, R_D の描出法は,これらの値が加えた電圧によって変化しないという条件下で適用できます.LDD 構造をもつような微細な MOSFET になるとこの条件が成立しにくくなるため,バイアスによる変化を考慮した方法が必要になります.

5.7 基板バイアス効果 (ボディ効果)

これまで基板 Si の電位はソースと同じ電位にあるとして MOSFET の特性をみてきましたが,基板とソース間に逆方向バイアスを加えると,MOSFET のしきい電圧が増加します.これを基板バイアス効果,またはボディ効果 (body effect) と呼びます.集積回路では,この効果を考慮した設計が重要です.n チャネル MOSFET では,図 5.9 に示す極性が逆方向バイアスになります.

基板バイアス V_{BS} によってしきい電圧が増加する理由は以下のように理解できます.ソース/基板間の pn 接合ダイオードに逆方向バイアスが加わると,空乏層が大きくなります.すなわち,n チャネル MOSFET ではアクセプタの負電荷が増加します.チャネルに自由電子を誘導するには,この負電荷の増加に相当する分のバイアスをゲート電極へのバイアスに上乗せする必要が生じま

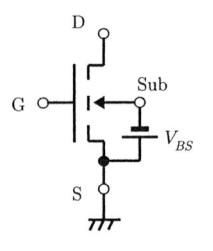

図 5.9 基板バイアス

す.したがって,しきい電圧 V_T が増大することになります.

定量的に検討してみます.空乏層内電荷がしきい電圧に与える効果は,式 (3.5) に式 (3.3) を代入して

$$\frac{Q_{B\max}}{C_{OX}} = \sqrt{2\varepsilon_s\varepsilon_0 q N_A \left(2|\phi_F|\right)} \tag{5.15}$$

と求まります.ただし,式 (3.5) では ϕ_F を負として取り扱いましたが,ここでは $|\phi_F|$ を用いて表しています.一方,基板バイアス V_{BS} を加えると,$Q_{B\max}$ は増加し,しきい電圧に与える効果は

$$\frac{Q_{B\max}}{C_{OX}} = \sqrt{2\varepsilon_s\varepsilon_0 q N_A \left(2|\phi_F| + V_{BS}\right)} \tag{5.16}$$

となります.これらの差分が基板バイアスによるしきい電圧の変化 ΔV_T を表しますから,

$$\Delta V_T = \frac{\sqrt{2\varepsilon_s\varepsilon_0 q N_A}}{C_{OX}} \left(\sqrt{2|\phi_F| + |V_{BS}|} - \sqrt{2|\phi_F|} \right) \tag{5.17}$$

$$= \gamma \left(\sqrt{2|\phi_F| + |V_{BS}|} - \sqrt{2|\phi_F|} \right) \tag{5.18}$$

となります.比例係数

$$\gamma = \frac{\sqrt{2\varepsilon_s\varepsilon_0 q N_A}}{C_{OX}} \quad [\sqrt{\mathrm{V}}] \tag{5.19}$$

を基板バイアス係数 (または,ボディ効果係数) と呼びます.

問 5.1 ウェルの不純物密度を大きくすると基板バイアス効果はどのように変化するか.

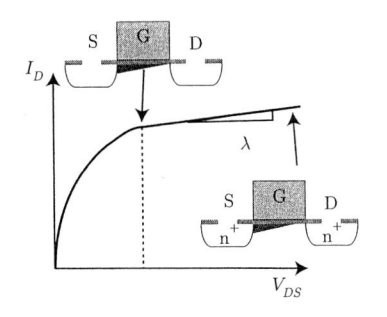

図 5.10 チャネル長変調係数 λ

5.8 チャネル長変調効果

図 3.7(c) および (d) に示したように，I_D が飽和に達するドレイン電圧 V_{Dsat} 以上に V_D を増加すると，チャネルがピンチオフする点がドレインの端からチャネル内部に移動します．これはチャネル長が短くなったことと等価ですから，ドレイン電流の I_D は一定の値にならずに V_{DS} とともに増加します．この現象を表すために，しばしばチャネル長変調係数 λ を用いて次の式のように表現します．

$$I_D = I_{Dsat} + \lambda(V_{DS} - V_{Dsat}) \tag{5.20}$$

チャネル長変調係数 λ は図 5.10 のように V_{GS} を一定とした I_D 対 V_{DS} 特性を表すグラフにおいて，飽和領域の電流の傾きから直接求めることができます．

問 5.2 MOSFET を微細化するとチャネル長変調係数はどのように変化するか．

5.9 ゲート入力容量 C_{GS}

ゲート電極とチャネルは，ゲート絶縁膜を挟んだ平行平板コンデンサと同様の構造をしていますが，飽和領域における MOSFET ではドレイン側でチャネルがピンチオフすることからもわかるように，チャネル内の電荷密度がソースからドレインに向かって減少しています．そのために，入力容量 C_{GS} も平行平板コンデンサとみなせる値より小さくなります．3.6 節で示したように，チャネル内部の任意の位置 x におけるチャネルの電位を V_x とする n チャネル MOSFET では式 (3.10) に示したように

$$Q_I = -C_{OX}\left(V_{GS} - V_T - V_x\right) \tag{5.21}$$

と表せます．MOSFET はドレイン端 $x = L$ でピンチオフしているとし，$V_{DS} = V_{GS} - V_T \equiv V_p$ (ピンチオフ電圧) の状態にあるとすると

$$\int_0^x I_D dx = \int_0^{V_x} \mu C_{OX} W \left(V_p - V_x\right) dV_x \tag{5.22}$$

よって，

$$I_{D\mathrm{sat}}x = \mu C_{OX} W \left(V_p V_x - \frac{1}{2}V_x^2\right) \tag{5.23}$$

これに $I_{D\mathrm{sat}} = (1/2)\mu C_{OX}(W/L)V_p^2$ を代入して得られる V_x に関する二次方程式を，$V_x > 0$ であることを考慮して解くと

$$V_x = V_p\left(1 - \sqrt{1 - \frac{x}{L}}\right) \tag{5.24}$$

を得ます．よって Q_I は，

$$Q_I = -C_{OX}V_p\sqrt{1 - \frac{x}{L}} \tag{5.25}$$

となります．V_x と Q_I を x の関数として図示すると図 5.11 のようになります．

チャネル内に蓄えられる全電荷 Q_c は

$$\begin{aligned}Q_c &= W\int_0^L Q_I dx \\ &= -\frac{2}{3}C_{OX}LWV_p\end{aligned} \tag{5.26}$$

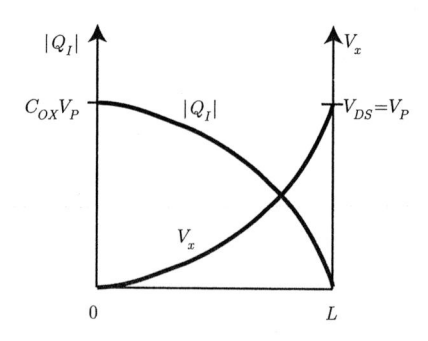

図 5.11 チャネル電荷 $|Q_I|$ とチャネル電位 V_x のチャネル内での分布

となります.よって入力容量 C_{GS} は

$$C_{GS} = -\frac{dQ_c}{dV_{GS}} = -\frac{dQ_c}{dV_p} = \frac{2}{3}C_{OX}LW \tag{5.27}$$

となります.すなわち,飽和領域で動作している MOSFET の入力容量は,平行平板コンデンサとみなした場合の容量の 2/3 の値となります.

問 5.3 $t_{OX} = 5[\text{nm}]$, $L = 0.35[\mu\text{m}]$, $W = 4L$ の MOSFET の入力容量 C_{GS} を求めよ.

5.10 周波数特性

MOSFET のゲートは絶縁されていますから,直流では入力電流はゼロですが,交流電圧を加えると電流は流れます.図 5.5 の基本等価回路に C_{GD} を加えた回路において出力端を短絡した場合の入力電流 i_G と出力電流 i_D の比,すなわち出力端短絡電流増幅率 h_{FS} を求めてみましょう.出力短絡ですから $v_{DS} = 0$ です.g_m は周波数によらず一定で,また,ゲート/ドレイン間容量 C_{GD} は小さく $\omega C_{GD} \ll g_m$ であるとします.

$$i_G = j\omega(C_{GS} + C_{GD})v_{GS} \tag{5.28}$$

$$i_D \simeq g_m v_{GS} \tag{5.29}$$

よって,

$$h_{FS} = \frac{i_D}{i_G} = -j\frac{g_m v_{GS}}{\omega(C_{GS}+C_{GD})v_{GS}} = -j\frac{g_m v_{GS}}{2\pi f(C_{GS}+C_{GD})v_{GS}} = -j\frac{f_T}{f} \tag{5.30}$$

すなわち,$|h_{FS}|$ は周波数 f に反比例することになります.f_T は $|h_{FS}| = 1$ となる周波数で,遮断周波数と呼ばれます.f_T はトランジスタの高周波性能を表す指標です.MOSFET では $C_{GS} \gg C_{GD}$ とみなせる場合が多く

$$f_T = \frac{g_m}{2\pi(C_{GS}+C_{GD})} \simeq \frac{g_m}{2\pi C_{GS}} \tag{5.31}$$

となります.

問 **5.4** I_D の値を保ったまま f_T を大きくするには MOSFET をどのように設計すれば良いだろうか.

演習問題

5.1 n チャネル E 型 MOSFET を図 5.12(a) のように接続した.以下の問いに答えよ.

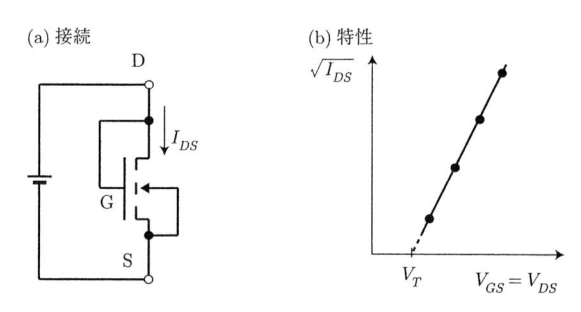

図 5.12 MOSFET のダイオード接続

(1) $V_{GS} = V_{DS}$ を変化させたときの I_D を測定し,$\sqrt{I_D}$ 対 V_{GS} をプロットすると図 5.12(b) のような直線になることを示せ.
(2) V_{GS} 軸との切片より V_T が得られることを示せ.
(3) この直線の傾きは何を表すか.
(4) 測定結果の例を表 5.1 に示す.この結果から,V_T, μ_n を求めよ.ただし,$t_{OX} = 10$[nm], $W/L = 1$ とする.

5.2 B を 1×10^{21}[m^{-3}] ドープした Si を用いて作製した MOSFET のゲート/ドレイン間を短絡し,V_{GS} 対 I_D を基板バイアス V_{BS} をパラメータにして測定した結果を表 5.2 に示す.以下の問いに答えよ.

(1) この MOSFET の V_T を求めよ.

表 5.1

V_{GS}[V]	I_D[μA]
1.0	0
1.5	16
2.0	64
2.5	144
3.0	256

表 5.2

V_{GS}[V]	I_D[μA]		
	$V_{BS} = 0$[V]	$V_{BS} = -2.2$[V]	$V_{BS} = -6.1$[V]
+1.0	0	0	0
+1.5	12.5	3	0
+2.0	50	28	12.5
+2.5	112.5	78	50
+3.0	200	153	112.5

表 5.3

$L'[\mu\text{m}]$	$R_{\text{tot}}[\text{k}\Omega]$		
	$V_{GS}=3[\text{V}]$	$V_{GS}=4[\text{V}]$	$V_{GS}=5[\text{V}]$
10	31	23	19
15	49	36	28
20	67	48	37

(2) この MOSFET の t_{OX} および W/L を求めよ.ただし,キャリヤ移動度は $\mu=0.05[\text{m}^2/\text{Vs}]$ とする.

5.3 表 5.3 は,同一基板上に Si 薄膜を用いて作製したゲート設計長 L' の異なる MOSFET を測定して結果である.以下の問いに答えよ.

(1) MOSFET の形状がチャネル中央を中心に対称形であるとして,ソース抵抗 R_s を求めよ.

(2) ゲート設計長 $L'=10[\mu\text{m}]$ の MOSFET における実効チャネル長 L を求めよ.

5.4 問 5.3 の t_{OX}, L, W をもつ n チャネル MOSFET を $V_{GS}=3.3[\text{V}]$ で動作させたときの遮断周波数 f_T を求めよ.ただし $\mu_n=0.05[\text{m}^2/\text{Vs}], V_T=+0.6[\text{V}]$ とする.

6. CMOSインバータの特性

ディジタル論理回路の基本単位であるインバータの入出力特性を理解するとともに，設計の最適化指針について学びましょう．

6.1 伝達特性の求め方

インバータの入力電圧と出力電圧の関係を伝達特性といいます．この伝達特性の求め方を理解するためにまず，図 6.1 に示す回路で考えを進めます．インバータは一般に駆動トランジスタ T_S と負荷によって構成されます．図 6.1 の回路は抵抗 R_L を負荷として用いているので，抵抗負荷型インバータと呼びます．抵抗の代わりに E 型 MOSFET や D 型 MOSFET を用いたインバータもこれまでの集積回路発展の歴史の中で使われてきました．出力に接続されている容量 C_L は負荷容量と呼ばれ，故意に挿入したものではなく，出力に接続される配線や次の論理回路の入力容量などの総和です．

直流電圧 V_I が入力され定常状態にある場合の出力電圧 V_O は以下のように

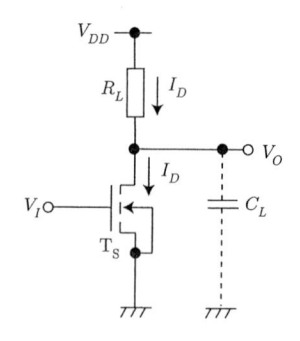

図 6.1 抵抗負荷型インバータ回路

求められます．T_S にはゲート電圧 V_I，ドレイン電圧 V_O とするドレイン電流 I_D が流れます．これと同じ電流が R_L にも流れますから，V_O は V_{DD} から R_L による電圧降下を差し引いた電圧となります．

$$V_O = V_{DD} - R_L I_D \tag{6.1}$$

I_D は V_O の範囲によって線形領域 ($V_O \leq V_I - V_T$) または飽和領域 ($V_O \geq V_I - V_T$) に区分されて

$$I_D = \frac{1}{2}\mu_n C_{OX} \frac{W}{L} \left[2(V_I - V_T)V_O - V_O^2\right] \quad (V_O \leq V_I - V_T) \tag{6.2}$$
$$I_D = \frac{1}{2}\mu_n C_{OX} \frac{W}{L} (V_I - V_T)^2 \qquad\qquad (V_O \geq V_I - V_T) \tag{6.3}$$

と表せます．ここで，μ_n, C_{OX}, L, W, V_T は駆動トランジスタ T_S の諸元です．

この連立方程式を解くと V_O と V_I の関係，すなわち伝達特性が求まりますが，そのためには図式解法を用いるのが便利です．図 6.2(a) に負荷抵抗 R_L の電流–電圧特性，図 6.2(b) に T_S の電流–電圧特性を示します．図 6.2(a) の負荷抵抗の特性を左右反転し，図 6.2(b) において $V_{DD}(=5[V])$ を起点に重ね合わせ，I_D とこの負荷特性 (今の場合は直線) との交点が示す V_O をたどることによって求めることができます．図 6.2(c) にそれを示します．実際には V_I は連続して変化するので，伝達特性も 1 本のなめらかな曲線となります．

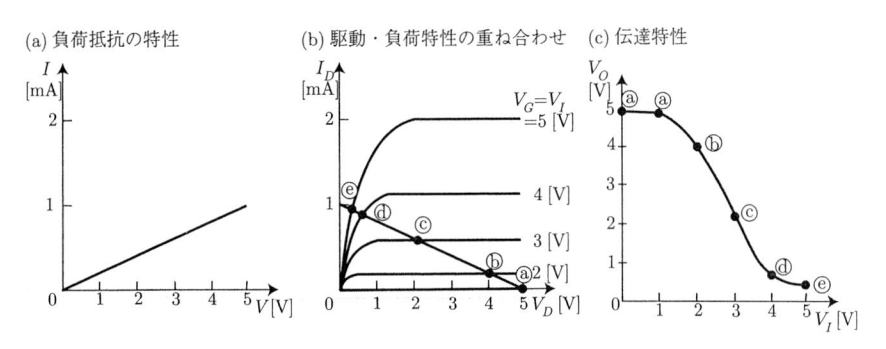

(a) 負荷抵抗の特性　　(b) 駆動・負荷特性の重ね合わせ　(c) 伝達特性

図 6.2　インバータ特性の求め方 (抵抗負荷型の例)

6.2 インバータの設計指針

図 6.3 に示す伝達特性について考えます．一般に，インバータは従属接続して用いるので，いま注目しているインバータの入力はその前段のインバータの出力です．したがって，出力の最低値 V_{OL} から出力の最高値 V_{OH} の範囲の電圧が入力されることになります．$V_{OH} - V_{OL}$ を論理振幅，$V_I = V_O$ の直線と伝達特性の交点を論理しきい値 V_C といいます．図中の A, B 点は $|dV_O/dV_I| = 1$ となる点であり，A, B に対応する入力電圧を V_{IL}, V_{IH} とします．入力電圧をゼロから大きくしていき V_{IL} を越えると，出力が High → Low に反転する可能性があります．逆に入力電圧が V_{IH} よりも小さくなると出力が Low → High に反転する可能性が出てくるので，出力の状態を確実に保持するには低い方の入力電圧は V_{IL} 以下，高い方の入力電圧は V_{IH} 以上に保つ必要があります．信号には雑音が付加されます．そのため，$NM_L = V_{IL} - V_{OL}$ および $NM_H = V_{OH} - V_{IH}$ を雑音余裕 (noise margin) といいます．回路内の電圧の最大値は V_{DD}，最小値はゼロ (接地) であるので，安定に動作するインバータを設計するための指針を以下のようにいうことができます．

- V_{OH} が V_{DD} に，V_{OL} はゼロにできるだけ近い

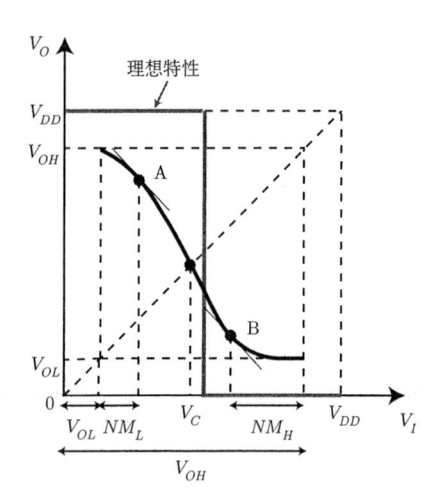

図 6.3 伝達特性におけるインバータの性能諸元

- NM_L および NM_H ともに $V_{DD}/2$ にできるだけ近い
- V_C が $V_{DD}/2$ にできるだけ近い

理想的なインバータの伝達特性も図 6.3 に示しています．CMOS はこの理想に近い伝達特性を実現できます．

問 6.1 図 6.2 において T_S の W/L を大きくすると，V_{OL}, V_{OH}, V_C はどのように変化するか．

6.3 CMOS インバータの伝達特性

図 6.4(a) に CMOS インバータを再び描きます．CMOS インバータでは pMOS が負荷，nMOS が駆動トランジスタとみなすことができます．したがってその伝達特性は，抵抗負荷型インバータと同様に，図 6.4(b) のように pMOS の特性を左右反転し，nMOS の電流–電圧特性に V_{DD} を起点にして重ね合わせ，交点の V_O をたどることによって求めることができます．

ここで，pMOS の動作に注意しましょう．pMOS のソースは V_{DD} に接続されています．いま仮に $V_{DD} = 5\,[\text{V}]$ とします．CMOS インバータの入力 V_I は 0〜5 [V] の範囲で変化しますが，$V_I = 0$ のとき，pMOS のゲート/ソース間電圧は $V_{GS} = V_G - V_S = 0 - 5 = -5\,[\text{V}]$ となります．したがって $V_I = 0$ のときは nMOS の $V_{GS} = 0$，pMOS の $V_{GS} = -5\,[\text{V}]$ の特性の交点が出力 V_O を表すことになります．V_I を増加したときも同様です．その結果，図 6.4(c) の様な伝達特性が得られます．

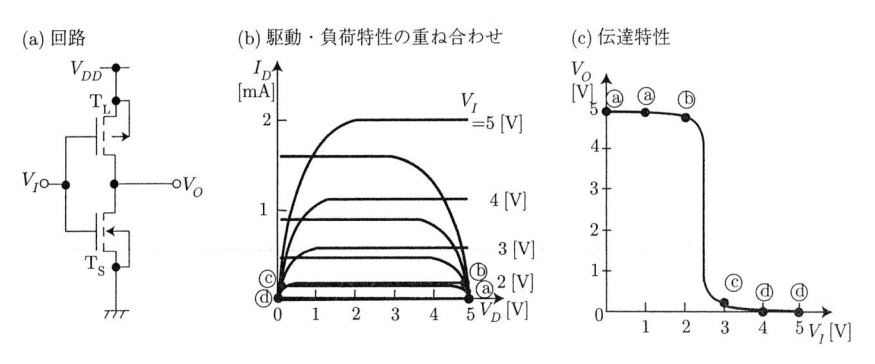

図 6.4 CMOS インバータの回路と伝達特性

CMOSの場合，どちらか一方のトランジスタがオフの状態，言い換えれば抵抗がほぼ無限大の状態にあるので，トランジスタの大きさによらず $V_{OL}=0$, $V_{OH}=V_{DD}$ になります．一方，V_C については設計によって以下のように変わります．pMOS, nMOS に流れる電流をそれぞれ，I_{Dp}, I_{Dn} とすると

$$I_{Dp} = \frac{1}{2}\beta_p(V_I - V_{DD} - V_{Tp})^2 \tag{6.4}$$

$$I_{Dn} = \frac{1}{2}\beta_n(V_I - V_{Tn})^2 \tag{6.5}$$

ここで，$\beta_p = \mu_p C_{OX}(W/L)_p, \beta_n = \mu_n C_{OX}(W/L)_n$ です．$(W/L)_p, (W/L)_n$ はそれぞれ，pMOS, nMOS の W/L を表します．$I_{Dn}=I_{Dp}$ であり，$V_I=V_O=V_C$ とすると，

$$V_C = \frac{V_{DD}+V_{Tp}+\sqrt{\beta_n/\beta_p}V_{Tn}}{1+\sqrt{\beta_n/\beta_p}} \tag{6.6}$$

となります．したがって，$\beta_p=\beta_n, |V_{Tp}|=V_{Tn}$ とすることで $V_C=V_{DD}/2$ とすることができます．

$\beta_p=\beta_n$ の条件は，μ_p が μ_n よりも小さい分 $(W/L)_p$ を $(W/L)_n$ より大きくすることで，またチャネルドープによって $V_{Tn}=|V_{Tp}|$ とすることで実現できます．

問 6.2 CMOSインバータにおいて $V_{Tn}=|V_{Tp}|$ である一方で $(W/L)_n=(W/L)_p$ である場合，伝達特性の概略はどのようになるか．

問 6.3 CMOSインバータのnMOSがD型になってしまった場合，どのような問題が発生するか．

6.4 スイッチング特性

入力を与えてから出力が変化するまでの応答時間について考えてみます．まずは，出力電圧が，Low → High，High → Low に変わるとき，回路内でどのような現象が起きているかを理解しましょう．

図6.5(a)に，CMOSインバータ回路を負荷容量 C_L を含めて描きます．入力が High → Low にターンオフして nMOS がオフ，pMOS がオンになると，pMOSを流れる電流 I_{Dp} によって C_L が充電されます．その結果，V_O が上昇

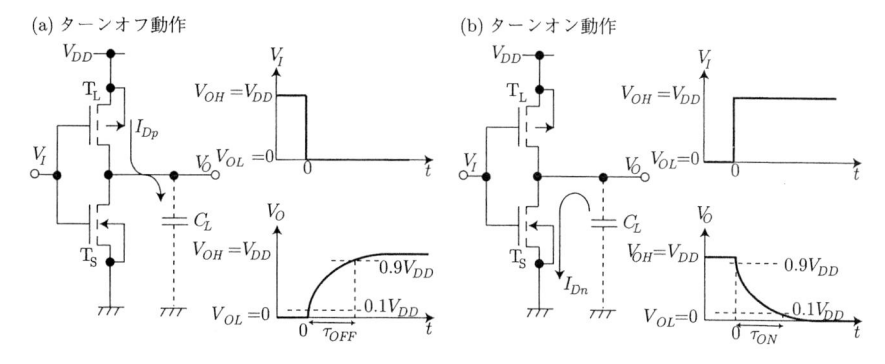

図 6.5 CMOS インバータ回路のスイッチング動作

し，$V_O = V_{DD}$ で定常となります．

　一方，逆に入力が Low → High にターンオンすると，pMOS がオフ，nMOS がオンになり，図 6.5(b) に示すように C_L に充電されていた電荷が nMOS を流れる電流 I_{Dn} によって放電され，V_O は低下し，ゼロになります．

　入力が図 6.5(b) のようにターンオンし，出力が High → Low になるまでの時間 τ_{ON} を求めてみましょう．電子回路では一般に，遷移時間は最大信号電圧あるいは電流の 10%〜90% の範囲の変化に要する時間と定義されます．したがっていまの場合，出力電圧 V_O が $V_O = 0.9V_{DD}$ から $V_O = 0.1V_{DD}$ まで変化するまでの時間が τ_{ON} となります．C_L の放電による V_O の時間変化は

$$C_L \frac{dV_O}{dt} = -I_D \tag{6.7}$$

で与えられます．ここで，変化の過程でトランジスタの動作が変わります．つまり，最初，nMOS のドレイン電圧 V_{DS} は V_O に等しく $V_O = V_{DD}$ であるので，nMOS は飽和領域で動作します．すなわち

$$I_{D1} = \frac{1}{2}\beta_n (V_{DD} - V_{Tn})^2 \tag{6.8}$$

ここで $\beta_n = \mu_n C_{OX}(W/L)_n$ です．時間が経過して V_O が低下し $V_O \leq V_{DD} - V_{Tn}$ となると，nMOS は線形領域で動作します．つまり

$$I_{D2} = \beta_n \left[(V_{DD} - V_{Tn})V_O - \frac{V_O^2}{2} \right] \tag{6.9}$$

となります.まず,$V_O = V_{DD}$ から $V_O = V_{DD} - V_{Tn}$ に変化する時間 τ_1 を求めます.

$$C_L \frac{dV_O}{dt} = -\frac{1}{2}\beta_n (V_{DD} - V_{Tn})^2 \tag{6.10}$$

よって,

$$C_L V_O = -\frac{1}{2}\beta_n (V_{DD} - V_{Tn})^2 t + C_1 \tag{6.11}$$

ここで C_1 は積分定数です.$t = 0$ で $V_O = 0.9 V_{DD}$ なので

$$C_L V_O = -\frac{1}{2}\beta_n (V_{DD} - V_{Tn})^2 t + 0.9 C_L V_{DD} \tag{6.12}$$

$V_O = V_{DD} - V_{Tn}$ で $t = \tau_1$ なので

$$\tau_1 = \frac{2 C_L (V_{Tn} - 0.1 V_{DD})}{\beta_n (V_{DD} - V_{Tn})^2} \tag{6.13}$$

次に $0.1 V_{DD} \leq V_O \leq V_{DD} - V_{Tn}$ の変化に要する時間 τ_2 を求めてみましょう.$C_L(dV_O/dt) = -I_D$ より

$$\frac{dV_O}{(V_{DD} - V_{Tn}) V_O - (V_O^2/2)} = -\frac{\beta_n}{C_L} dt \tag{6.14}$$

積分公式 $\int 1/(px+q) \cdot 1/(ax+b) dx = 1/(aq-bp) \ln|(ax+b)/(px+q)|$ を用いて

$$-\frac{1}{V_{DD} - V_{Tn}} \ln \left| \frac{V_{DD} - V_{Tn} - (V_O/2)}{V_O} \right| = -\frac{\beta_n}{C_L} t + C_2 \tag{6.15}$$

ここで C_2 は積分定数です.$t = 0$ で $V_O = V_{DD} - V_{Tn}$ であるので

$$\tau_2 = \frac{C_L}{\beta_n} \frac{1}{V_{DD} - V_{Tn}} \ln \left(\frac{2(V_{DD} - V_{Tn})}{V_O} - 1 \right) \tag{6.16}$$

$V_O = 0.1 V_{DD}$ であることを考慮すると

$$\tau_2 = \frac{C_L}{\beta_n} \frac{1}{V_{DD} - V_{Tn}} \ln \left(\frac{20(V_{DD} - V_{Tn})}{V_{DD}} - 1 \right) \tag{6.17}$$

よって $\tau_{ON} = \tau_1 + \tau_2$ は

$$\tau_{ON} = \frac{2 C_L (V_{Tn} - 0.1 V_{DD})}{\beta_n (V_{DD} - V_{Tn})^2} + \frac{C_L}{\beta_n} \frac{1}{V_{DD} - V_{Tn}} \ln \left(\frac{20(V_{DD} - V_{Tn})}{V_{DD}} - 1 \right) \tag{6.18}$$

6.4 スイッチング特性

問 6.4 $V_{Tn} = 0.2V_{DD}$ と設計したとき，上式で τ_{ON} における第 1 項目と第 2 項目の大きさを比較せよ．

上の問の解から，第 2 項 ≫ 第 1 項であるといえます．つまり，応答時間は，出力 V_O が $V_{DD} - V_{Tn}$ まで低下して以降の時間でほぼ決定されるといえます．

図 6.5(a) に示したターンオフ動作については，初期に $V_O = 0.1V_{DD}$ まで充電されていた C_L が pMOS を通して $V_O = 0.9V_{DD}$ まで充電される時間 τ_{OFF} が，応答時間となります．上の τ_{ON} と同様に導くと

$$\tau_{OFF} = \frac{2C_L(-V_{Tp} - 0.1V_{DD})}{\beta_p(V_{DD}+V_{Tp})^2} + \frac{C_L}{\beta_p}\frac{1}{V_{DD}+V_{Tp}}\ln\left(\frac{20(V_{DD}+V_{Tp})}{V_{DD}} - 1\right) \tag{6.19}$$

となります．ここで V_{Tp} は pMOS のしきい電圧で $V_{Tp} < 0$ です．

式 (6.18) および式 (6.19) の分母にある $\beta_n(V_{DD} - V_{Tn})$ および $\beta_p(V_{DD} + V_{Tp})$ は，それぞれ nMOS，pMOS の伝達コンダクタンス g_m に相当します．すなわち，インバータの応答遅延時間は，MOSFET の伝達コンダクタンス g_m と負荷容量 C_L によって決定されることになります．ここで C_L は，インバータ出力に接続される容量の総和であり，以下の式で表されます (図 6.6 と対比させてみてください)．

$$C_L = C_{OUT} + C_W + \sum C_{IN} \tag{6.20}$$

ここで C_{OUT}：インバータ回路自体の出力容量，C_W：配線容量，C_{IN}：次段の入力容量です．

C_L は可能な限り小さいことが望ましく，素子寸法の微細化はその有効な手

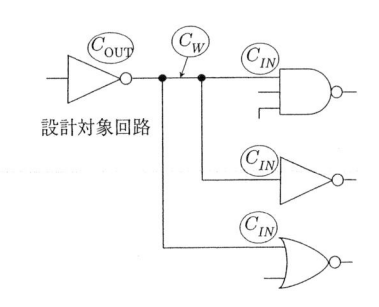

図 6.6 インバータの負荷容量

段です．また，g_m を決定する β のうち，W/L が自由な設計パラメータとなります．

6.5 バッファ

後段が多数に分岐しているなど，負荷容量 C_L が大きい場合に延滞時間を小さくするには，トランジスタの W/L を大きくして相互コンダクタンス g_m を大きくすれば良いことになります．この際，負荷が 1 箇所に集中するのを避けるために，W/L を徐々に変えたインバータを多段に接続したバッファを用います．図 6.7 に 4 段で約 30 倍の伝達コンダクタンスをもたせたバッファ回路の例を示します．

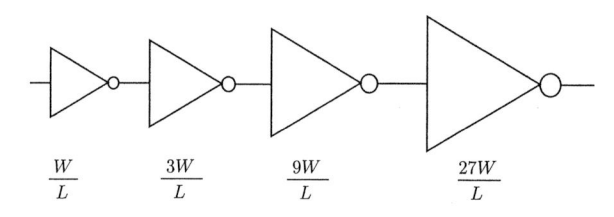

$$\frac{W}{L} \quad \frac{3W}{L} \quad \frac{9W}{L} \quad \frac{27W}{L}$$

図 **6.7** インバータを偶数段接続したバッファ回路

6.6 インバータ回路の消費電力

図 6.5(a) のターンオフ動作では，負荷容量 C_L に $E = C_L V_{DD}^2/2$ のエネルギーが蓄積され，続く図 6.5(b) のターンオン動作でこのエネルギーを接地に捨てることになります．すなわち，出力に 1 ビットのディジタル情報を伝達するために，出力を Low → High → Low とする動作によって $C_L V_{DD}^2$[J] のエネルギーが消費されます．それをクロック周波数 f[s] で繰り返すと $P = f C_L V_{DD}^2$[J/s = W] の電力が消費されることになります．この電力はディジタルによる信号処理が本質的に必要とする電力です．

CMOS インバータでは，これ以外に次の二つの電力が加わります．一つは，回路がターンオンあるいはターンオフする際に，ちょうど伝達特性が反転するあたりで pMOS と nMOS を介して電源から接地に貫通電流が流れます．このパルス状電流によって電力が消費されます．二つ目は MOSFET そのものの漏

れ電流によって消費される電力です．最近の集積回路では電源電圧 V_{DD} を小さくするために，しきい値電圧もギリギリまで低下させます．そのため，漏れ電流も大きくなりがちです．集積回路では多数のトランジスタがあるため，個々のトランジスタの漏れ電流は小さくても，無視できない電力消費になります．

CMOS インバータは，ほかのインバータに比べて消費電力を小さくすることができます．その例として図 6.1 に示した抵抗負荷型インバータと比較してみましょう．抵抗負荷型でも信号の伝達には $fC_LV_{DD}^2$ という電力を消費することは CMOS と同じですが，抵抗負荷型の場合，nMOS スイッチがオン状態，つまり出力が Low の状態にあるときは，常に電源から接地までの貫通電流が流れます．この電流とそれによる電力はインバータの機能にとっては無駄なものです．CMOS の貫通電流は大きさが小さく，また状態が遷移する瞬間に流れるだけなので，それによる電力消費は抵抗負荷型で生じる定常的な貫通電流によるものに比べてはるかに小さく，そのため CMOS は低消費電力性能をもちます．

6.7 スケーリング則

CMOS 回路による負荷容量の充電と放電が高速に進行するほど，情報の伝達，処理が高速に行えるようになることは理解できたと思います．これをもとに高速化の指針を考えてみましょう．まず，考えられるのは負荷容量を小さくすることです．次に，トランジスタに流れる電流をできるだけ大きくして充放電を高速に行うことです．しかし，トランジスタの C_{OX} や W を大きくして電流を大きくしようとすると，C_L も大きくなることになりあまり得策ではないといえるでしょう．L を小さくする，いわゆる微細化が有効であるといえます．

MOSFET を微細化しても，それが正常に動作するように，MOSFET 内の電界分布を一定とするような規則が提唱されました．それをスケーリング則 (比例縮小則) と呼びます．1974 年に提唱されて以来，今日まで，このスケーリング則を指針にディジタル集積回路はその性能を向上させてきました．

表 6.1 に示すように，面内の寸法 L, W，面に垂直方向の寸法 (ゲート絶縁膜厚さ t_{OX}，ソース・ドレインの接合深さ x_j) および電源電圧 V_{DD} をいずれも $1/k$ 倍に，半導体内の不純物濃度を k 倍にします．この縮小の結果，信号伝搬の遅延時間は $1/k$ に，言い換えれば速度が k 倍になります．しかも，単位面積

表 6.1 スケーリング則とその効果

諸元		係数
チャネル長, チャネル幅	L, W	$1/k$
酸化膜厚, 接合深さ	t_{OX}, x_j	$1/k$
電源電圧	V_{DD}	$1/k$
不純物密度	N_D, N_A	k
ゲート容量 (単位面積当たり)	C_{OX}	k
電流/素子	I	$1/k$
相互コンダクタンス	g_m	1
伝搬遅延時間	$t_{pd} = CV_{DD}/I$	$1/k$
消費電力/素子	IV_{DD}	$1/k^2$
消費電力密度	P	1
電力・遅延時間積	$t_{pd}P$	$1/k^3$

当たりの消費電力,言い換えれば発熱は一定のままです.

ここで速度が k 倍になることをこれまでの知識を活かして導いておきましょう.$V_{DD} \gg V_T$ を仮定します.ゲートに V_{DD} が入力すると,$V_{GS} = V_{DD}$ となるので,

$$I_D = \frac{1}{2}\mu C_{OX} \frac{W}{L} V_{DD}^2 = \frac{1}{2}\mu \frac{\varepsilon_{OX}\varepsilon_0}{t_{OX}} \frac{W}{L} V_{DD}^2 \tag{6.21}$$

となります.一方,縮小後のドレイン電流 I'_D は

$$\begin{aligned} I'_D &= \frac{1}{2}\mu \frac{\varepsilon_{OX}\varepsilon_0}{t_{OX}/k} \frac{W/k}{L/k} \left(\frac{V_{DD}}{k}\right)^2 \\ &= \frac{I_D}{k} \end{aligned} \tag{6.22}$$

となります.この MOSFET が,次段の同じく縮小された MOSFET のゲート絶縁膜容量を電圧 V_{DD}/k まで充電することになるので,縮小後の遅延時間 t'_{pd} は

$$t'_{pd} = \frac{C'_{OX}}{I'_D} L'W' \frac{V_{DD}}{k} = \frac{kC_{OX}}{I_D/k} \frac{L}{k} \frac{W}{k} \frac{V_{DD}}{k} = \frac{t_{pd}}{k} \tag{6.23}$$

ここで,t_{pd} は縮小前の遅延時間です.このように,遅延時間が $1/k$ 倍,すなわち信号の伝達速度が k 倍になることがわかります.スケーリングによるそのほかの性能諸元の変化を表 6.1 にまとめておきます.

問 6.5 $1/k$ 倍にスケーリングすると電力遅延時間の積が $1/k^3$ になることを示しなさい.

6.8 ラッチアップ

CMOS を誤動作させる現象の一つにラッチアップがあります．ラッチアップが生じると，MOEFET を介さない経路で電源 V_{DD} と接地間が低抵抗で導通した状態になり，入力電圧にかかわらず出力電圧が V_{DD} とゼロの間の中途半端な値に固定されてしまいます．

CMOS 構造には実は，二つのバイポーラトランジスタが寄生素子として存在します．図 6.8 は n 型ウェルをもつ構造を例にそれを示しています．一つは p チャネル MOSFET の p^+ 型ソース/n 型ウェル/p 型基板よりなるトランジスタ Q_1 で，もう一つは n チャネル MOSFET の n^+ 型ドレイン/p 型基板/n 型ウェルよりなるトランジスタ Q_2 です．これらの二つのバイポーラトランジスタが互いに相手の出力を自身に入力するように接続されており，たとえ各々の電流増幅率が大きくなくとも，いったん電流が流れ始めると互いに増幅を繰り返し，導通状態を作ってしまいます．

CMOS が正常動作しているときは，ウェルと基板間の pn 接合が逆バイアスされて二つのトランジスタは電気的には分離されているのですが，過渡状態における少数キャリヤの注入，インパクトイオン化によるキャリヤの生成，放射線などの外乱によるキャリヤの生成などによってこの分離状態が瞬時的にでも確保されなくなるとラッチアップが引き起こされます．

微細化するとこのラッチアップは発生しやすくなります．CMOS の構造設計

(a) CMOS における二つの寄生バイポーラトランジスタ

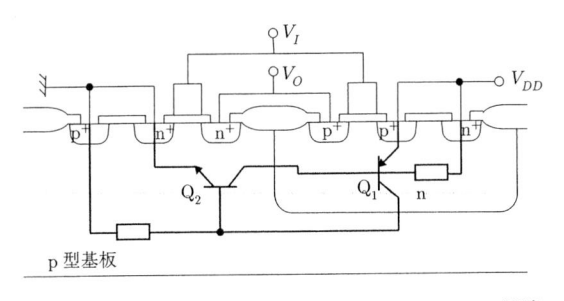

(b) ラッチアップが発生したときの出力電圧の変化

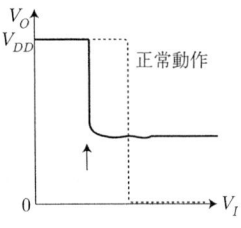

図 6.8 ラッチアップ現象

演習問題

6.1 抵抗負荷型回路で NOR の方が NAND よりも多く使われる理由を考えよ．

6.2 CMOS 回路では，NOR よりも NAND の方が多く使われる理由を考えよ．

6.3 式の τ_{ON} において，第 2 項目だけを考慮すれば良い場合には

$$\tau_{ON} \simeq 3\frac{C_L}{\beta_n}\frac{1}{V_{DD} - V_{Tn}} \tag{6.24}$$

と表せることを示しなさい（ヒント：$t=0$ で $V_O = V_{DD} - V_{Tn}$ を仮定する）．

6.4 nMOS, pMOS ともに $W/L = 3/1$ の CMOS インバータについて以下の問いに答えよ．なお，解答にあたっては表 6.2 の数値を用いても良い．

表 6.2

キャリヤ移動度	自由電子	$\mu_n = 0.05[\mathrm{m^2/Vs}]$
	正孔	$\mu_p = 0.02[\mathrm{m^2/Vs}]$
ゲート酸化膜厚		$t_{OX} = 20[\mathrm{nm}]$
比誘電率	Si	$\varepsilon_S = 11.9$
	SiO$_2$	$\varepsilon_{OX} = 3.9$
しきい電圧	nMOS	$V_{Tn} = +1[\mathrm{V}]$
	pMOS	$V_{Tp} = -1[\mathrm{V}]$
負荷容量		$C_L = 0.05[\mathrm{pF}]$
電源電圧		$V_{DD} = +5[\mathrm{V}]$

(1) nMOS, pMOS それぞれの電流駆動力を表す定数 β_n, β_p を求めよ．
(2) V_{OH}, V_{OL}, V_c を求めよ．
(3) ターンオフ時間 τ_{OFF}，ターンオン時間 τ_{ON} を求めよ．

6.5 前問の CMOS において，以下の場合に V_c がどのように変化するかを示せ．
(1) ゲート酸化膜厚が 10% 減少して 18[nm] となった場合
(2) V_{Tp} が 10% 減少して -0.9[V] となった場合
(3) V_{Tn} が 10% 減少して $+0.9$[V] となった場合

7. ディジタル論理回路

ディジタル論理回路は，以下の2つの構成に大別できます．
- **組み合わせ論理回路** (combinational circuits)　ある時刻における出力が，その時刻における入力のみによって決定される回路
- **順序回路** (sequential circuits)　ある時刻における出力が，その時刻の入力のみでなく，それ以前に加えられた入力に依存する回路

本章ではこれらの代表的なものについて学んでみましょう．

7.1　NAND 回 路

NAND 回路は論理積である AND 論理の否定を出力する回路です．表 7.1 にその真理値表を示します．図 7.1(a) に NAND の論理記号を，図 7.1(b) にその CMOS 回路を示します．CMOS 論理回路では，必ず一つの入力に nMOS と pMOS のペアが接続されます．なお，この図も含め以降では，MOSFET の基板 (Sub) 端子の接続先の表記を省略することにします．pMOS の Sub 端子は V_{DD} に，nMOS の Sub 端子は接地に接続されていることとします．

図 7.1(b) の回路において，A, B ともに 0 (Low) の場合，直列に接続された nMOS はいずれもオフし，並列に接続された pMOS はいずれもオン状態であるので，出力は 1 (High) になります．A, B いずれか一方が 0 (Low) の場合，

表 **7.1**　NAND の真理値表

A	B	X
0	0	1
0	1	1
1	0	1
1	1	0

(a) 論理記号

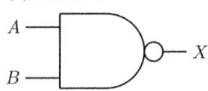

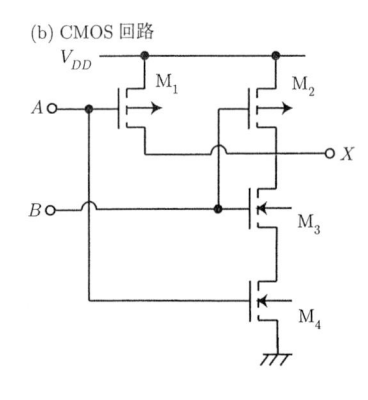

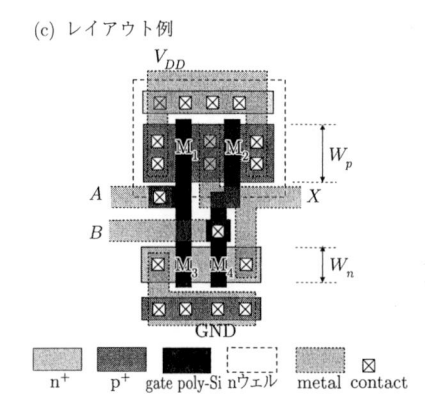

(b) CMOS 回路

(c) レイアウト例

図 7.1 NAND

nMOS のいずれか一方がオフになり，出力は接地から遮断されるとともに，その対となる pMOS がオンして出力と電源 V_{DD} を接続します．そのため，出力は 1 (High) となります．A, B ともに 1 (high) のときは，二つの pMOS ともオフする一方，nMOS が二つともオンするので，出力は電源から遮断され接地に接続されます．すなわち，出力は 0 (Low) になります．

図 7.1(c) に NAND 回路のレイアウト例を示します．p 型基板を用い，n ウェルのみを形成して製造する場合の例です．図 7.1(b) の回路になっていることを理解しておいてください．特に，pMOS を配置する n ウェルの電位を V_{DD} に固定するためのコンタクト，nMOS を配置している p 型基板を接地電位にするための配線とコンタクト孔が形成されていることに注意してください．

AND 回路は，図 7.2 のように NAND 回路の後段に NOT (インバータ) を接続することで作ることができます．

(a) 論理記号

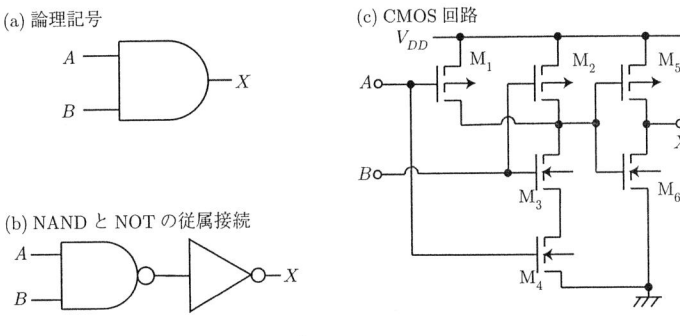

(b) NAND と NOT の従属接続

(c) CMOS 回路

図 7.2 AND

7.2 NOR 回 路

　NOR 回路は論理和である OR 論理の否定を出力する回路です．真理値を表 7.2 に示します．また，論理記号，CMOS 回路，レイアウトの例を図 7.3 に示します．OR 回路は NAND 回路と同様に NOR + NOT で作ることができます．NOR 回路は nMOS が並列に，pMOS が直列に接続されるのが特徴です．

　回路に直列に接続されたトランジスタがあると，その部分は抵抗が大きくなるため，遅延を招くことになります．CMOS の場合，NAND, NOR いずれの場合にもトランジスタが直列に接続されることになり遅延の原因となります．もし，nMOS と pMOS を同じ大きさで作るとしたら，高速化の観点では NAND の方が有利です．それは，移動度の大きな自由電子をキャリヤとする nMOS を直列に接続した方が pMOS を直列にするよりも電流を大きくして負荷 C_L の充電をより高速に行えるからです．

表 7.2 NOR の真理値表

A	B	X
0	0	1
0	1	0
1	0	0
1	1	0

(a) 論理記号

(b) CMOS 回路

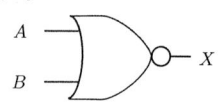

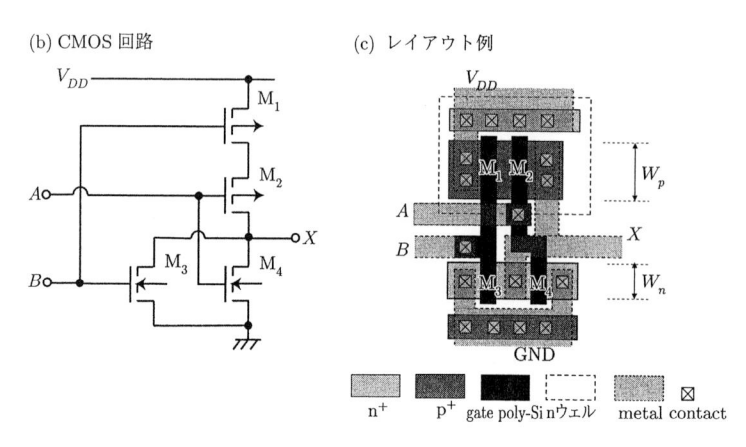

(c) レイアウト例

図 7.3 NOR

7.3 排他的論理和 EXOR 回路

表 7.3 に EXOR の真理値表を示します．A, B の入力が異なるときのみ 1 (High) を出力する論理です．例えば，信号列において 0 (Low) から 1 (High)，または 1 から 0 に変化する位置を特定するのに利用することができます．図 7.4 に EXOR の論理信号を示します．

問 7.1 図 7.5(a), (b), (c) はいずれも EXOR である．これらの回路はそれぞれ何個のトランジスタが必要か．

表 7.3 EXOR の真理値表

A	B	X
0	0	0
0	1	1
1	0	1
1	1	0

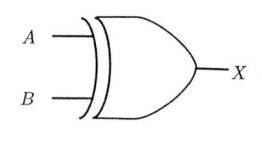

図 7.4 EXOR の論理記号

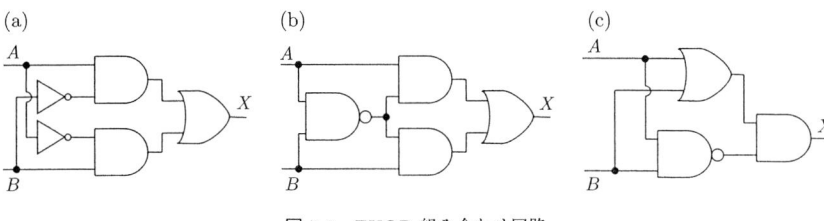

図 7.5　EXOR 組み合わせ回路

7.4　多入力ゲート

基本回路のトランジスタの数を減らすことは，それにより多くの論理機能を同じ面積のチップ内に搭載できるようになり，また負荷となる寄生容量が減少して高速動作が可能になるため LSI にとって大変重要です．多入力の論理ゲートは，トランジスタ数を少なくするための一つの選択肢です．

図 7.6 に 3 入力 OR 回路を例として示します．なお，多入力の論理ゲートでは直列接続するトランジスタが増えるため，負荷を高速で駆動しにくくなります．そのため，図 7.6 のように電流駆動能力がより大きいインバータを介して出力する方法が一般に用いられます．

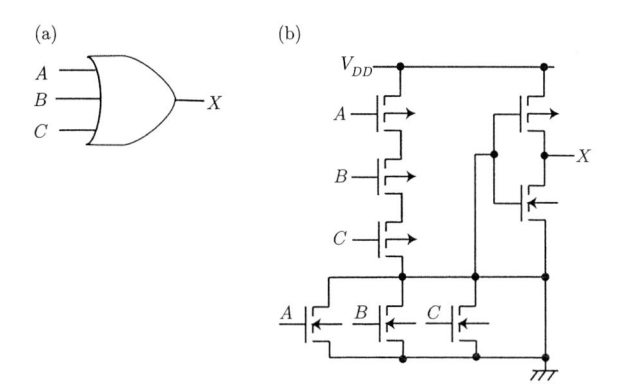

図 7.6　3 入力 OR の (a) 論理記号と (b) CMOS 回路
CMOS 回路ではペアを作るための配線を省略して描いているので注意されたい．

7.5 複合論理ゲート

複合論理ゲートもトランジスタ数を減少させるのに有効な手段です．代表的なものに，AND/OR および OR/AND 複合ゲート回路があります．例えば四つの入力のうちの二つずつの積の和をとる演算 $A \cdot B + C \cdot D$ を考えます．否定が入っていないので MOSFET を使った回路では直接に演算する回路は作れませんが，$A \cdot B + C \cdot D = \overline{\overline{A \cdot B + C \cdot D}}$ のようにすると，AND, NOR, NOT を組み合わせた図 7.7(a) の論理回路で演算ができます．これを CMOS 回路に置き換えると図 7.7(b) のように 10 個のトランジスタで実現できることになります．

上と同じ演算を NAND 回路だけで実現するとします．$A \cdot B + C \cdot D = \overline{\overline{A \cdot B} \cdot \overline{C \cdot D}}$ であることから，図 7.7 と同じ演算は図 7.8 に示す 3 つの NAND ゲート回路によっても実行できます．ただし，この回路では合計 12 個のトランジスタが必要になります．したがって，図 7.7 のように複合論理ゲートを用いるとトランジスタ数，つまり回路の面積を約 2 割減少できることになります．ほかの複合ゲート回路として 3 入力の AND/NOR および 3 入力の OR/NAND 複合ゲート回路を図 7.9 に示しておきます．

問 7.2 図 7.9 の複合ゲート回路について真理値表を作成するとともに，CMOS 回

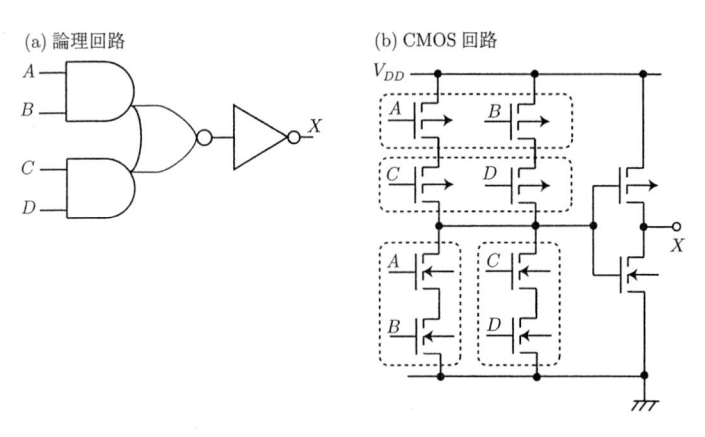

図 7.7 AND/OR 複合論理ゲート
CMOS 回路では CMOS 対トランジスタの結線を省略している．

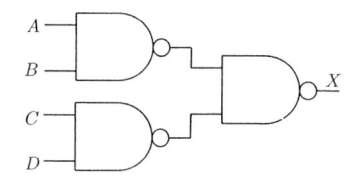

図 **7.8** 図 7.7 と同じ演算を行う NAND ゲート回路

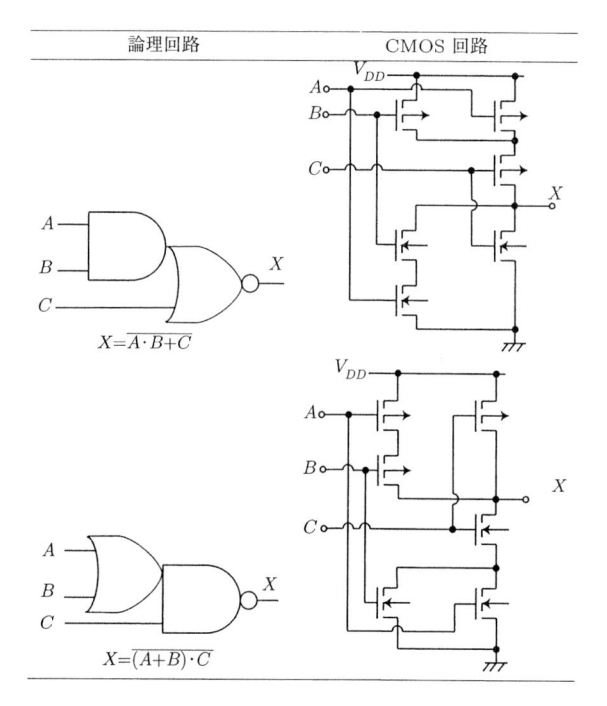

図 **7.9** AND/NOR および OR/NAND 複合ゲート回路

路が真理値表どおりの動作をすることを確認せよ．

問 7.3 複合論理ゲート回路においては，入力の状態によっては電気的に浮遊状態になる節点が発生する場合がある．図 7.9 の回路においてその節点の場所と入力状態を示せ．

AND/NOR 複合論理ゲート回路の EXOR 回路への応用について述べておきます．EXOR の論理は $\overline{A \cdot B}\,(A+B) = \overline{A \cdot B + \overline{A+B}}$ のように変換できる

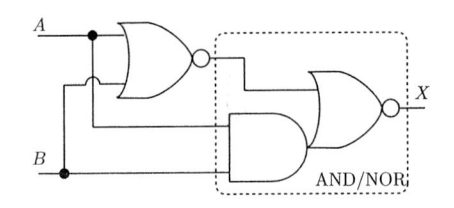

図 7.10　AND/NOR 複合論理ゲートを使った EXOR 回路

ので，図 7.10 に示す AND/NOR 複合ゲートを使った論理回路で実現できます．これにより，例えば図 7.5(c) では 16 個のトランジスタが必要であったのに対し，この回路では 10 個で実現できることになります．トランジスタ数を減らすことで，遅延時間に対する制約が厳しい応用にも利用できるようになります．

7.6　伝達ゲート

MOSFET はその構造上，ソースとドレインを入れ換えてもその特性は変わりません．この対称性を活かした機能として伝達ゲート (transmission gate) があります．伝達ゲートは，パストランジスタとも呼ばれます．また，CMOS で作った伝達ゲートは CMOS スイッチとも呼ばれます．

図 7.11(a) のように，nMOS のゲートに信号 $\phi = 1$ (High) が入力されている状態で入力に $V_I = V_{DD}$ を加えたとします．

この状態では nMOS トランジスタはオンであるので，出力負荷容量 C_L が接続されているとすると，入力側に接続された電圧源から nMOS を通して C_L が充電され，C_L の上端の電圧，すなわち出力電圧は上昇します．ところが

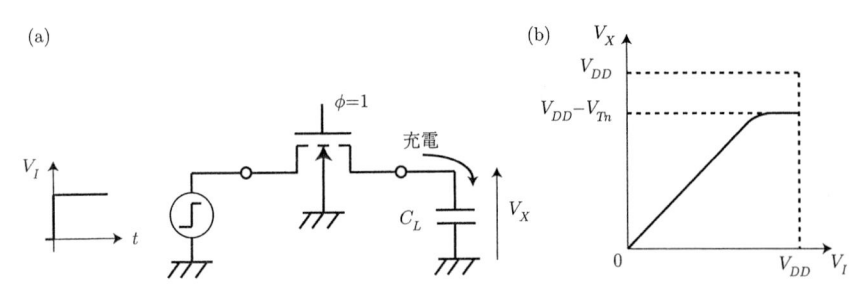

図 7.11　nMOS による伝達ゲートの特性

7.6 伝達ゲート

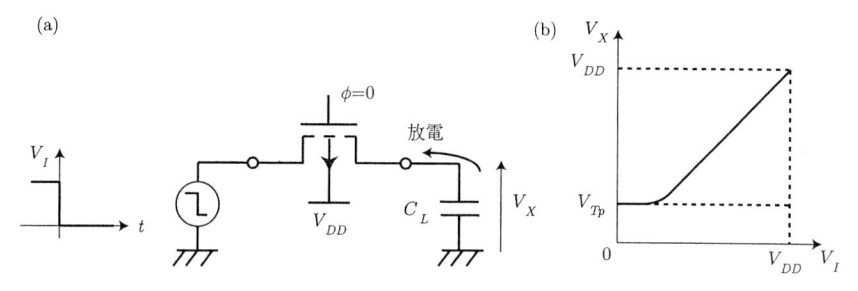

図 7.12 pMOS による伝達ゲートの特性

$V_X = V_{DD} - V_{Tn}$ まで上昇すると，nMOS トランジスタはオフになるため，V_X はそれ以上に大きくはなりません．この nMOS トンランジスタがオフになる現象は，入力側をドレイン，出力側をソースと考え，充電の進行にともなってソースの電位が上昇し，ゲート/ソース間電圧 $V_{GS} = V_G - V_S = V_{DD} - V_X$ が V_{Tn} よりも小さくなるとトランジスタがオフすると考えると理解しやすいでしょう．

pMOS による伝達ゲートの場合には，pMOS トランジスタのゲートに $\phi = 0$ (Low) を与え pMOS トランジスタを通して放電することを考えます．すると，$V_X = |V_{Tp}|$ となったところで pMOS トランジスタはオフになるので，これが V_X の最低値となります．

CMOS 伝達ゲートは，nMOS と pMOS を図 7.13(a) のように並列接続し，ゲートには互いに逆相の電圧を与えるようにしたものです．こうすることによって，両方ともオン，あるいは両方ともオフの状態になります．それぞれが単独

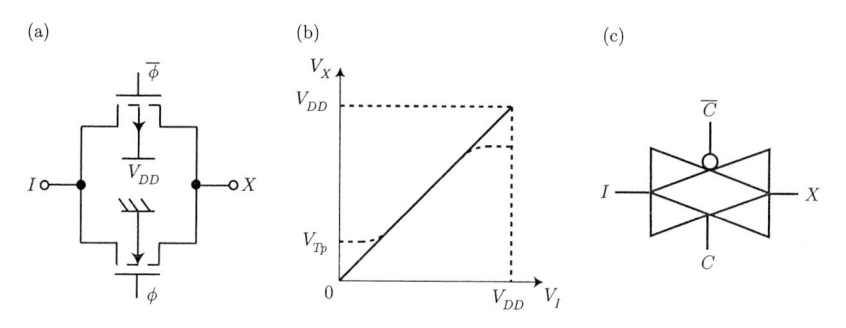

図 7.13 CMOS による伝達ゲート (CMOS スイッチ) の特性

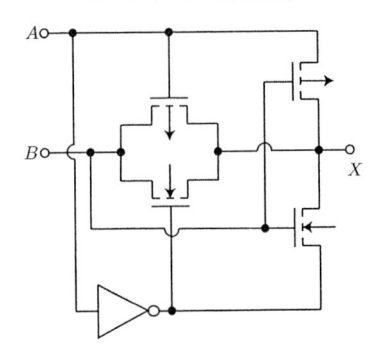

図 7.14 CMOS 伝達ゲートとインバータ 2 個を使った 6 トランジスタ EXOR 回路

の場合には存在していた出力電圧の制限は相補されて解消され，図 7.13(b) のようにゼロ〜電源電圧 V_{DD} までのすべての範囲で $V_X = V_I$ の特性が得られます．

問 7.4 図 7.14 は，CMOS 伝達ゲートを使ってトランジスタ数を 6 まで減らした EXOR 回路である．EXOR 論理を実行できることを確かめよ．

7.7　D ラッチ回路と D フリップ・フロップ

順序回路の例として，D ラッチ (DL) 回路と D フリップフロップ (D–FF) 回路について学んでおきましょう．

図 7.15 に DL のシンボルと動作を表します．その機能は，クロック信号 (CLK) が 1 (High) の間は入力信号 D をそのまま出力 (Q に出力) し，クロックが 0 (Low) の間はクロックが 0 になった時点の出力をそのまま保持するというものです．

DL は図 7.16 に示すクロックトインバータ 2 個とインバータ 1 個からなる

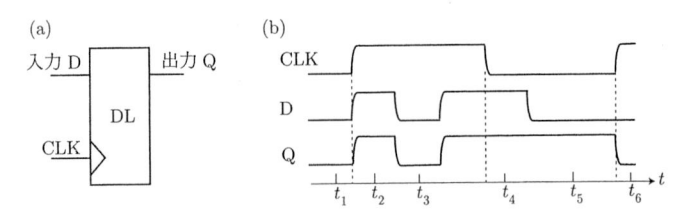

図 7.15 D ラッチのシンボル (a) と動作信号波形 (b)

7.7 Dラッチ回路とDフリップ・フロップ

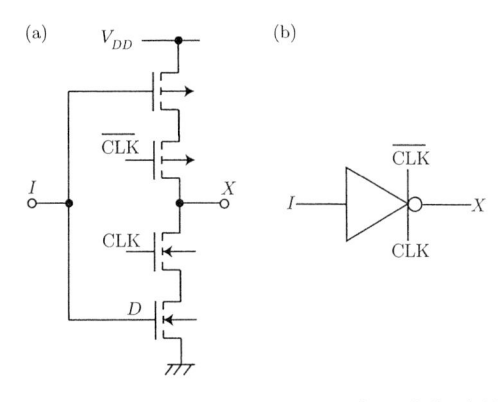

図 7.16 クロックインバータの CMOS 回路 (a) と論理信号 (b)

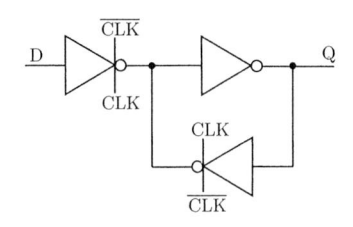

図 7.17 クロックインバータを用いた D ラッチ回路

図 7.17 の回路で実現できます．ここでクロックインバータはクロックが 1 (High) のときはインバータとして機能し，0 (Low) のときは nMOS, pMOS ともにオフ状態となり入力と出力を遮断するものです．遮断されると出力は絶縁されるので，遮断されたときの状態を保持することになります．

問 7.5 図 7.17 の回路に図 7.15(b) の CLK と D を加えたときの図 7.15(b) の $t_1 \approx t_6$ の各々における Q の値を求め，図 7.17 の回路が DL として動作することを確かめなさい．

図 7.18 に D–FF のシンボルと動作信号波形の例を示します．D–FF は，クロックの立ち上がりで読み込んだ入力信号を，クロックの立ち下がりで出力します．言い換えれば出力が半 CLK 分だけ遅れるともいえます．このような回路は，例えば規模の大きな組み合わせ回路の前後に入れて回路遅延による誤動作を防止するのに利用されます．D–FF は，図 7.19 のように，クロックの極性

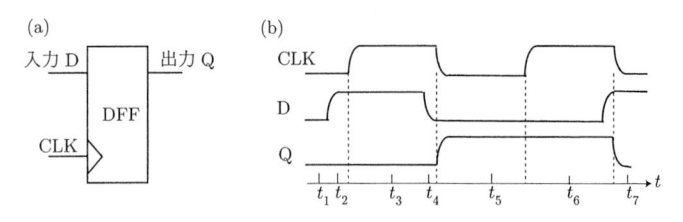

図 **7.18** D–FF のシンボル (a) と動作信号波形 (b)

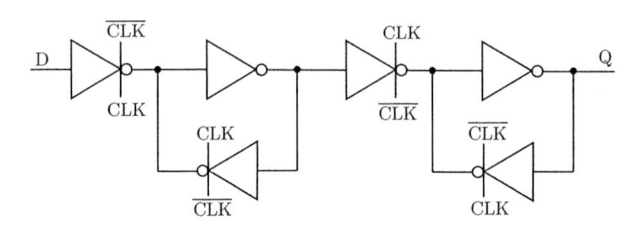

図 **7.19** D–FF 回路の構成例

を逆にした二つの DL 回路を直列に接続することで作ることができます．

問 7.6 前問と同様に，図 7.18(b) における $t_1 \approx t_6$ における図 7.19 の回路の出力値を求め，D–FF としての機能を確かめなさい．

問 7.7 図 7.19 の D–FF 回路のトランジスタ数はいくつか．

演習問題

7.1 論理ブロックの入力に接続されている基本ゲートの数あるいは入力負荷を基本ゲートの数に換算した値をファンイン (fan in，ここでは FI と略記する) と呼ぶ．例えば NOR や NAND では FI = 1 である．一方，論理ブロックの出力に接続される基本ゲートの数 (換算値も含む) をファンアウト (fan out，ここでは FO と略記する) と呼ぶ．図 7.20 に数値例を入れた論理ブロックの構成を示す†．FO が大きいとその分遅延が大きくなり誤動作を起こすことになるので，各論理ブロックごとに最大の FO を定め，その制約内で設計することになる．

図 6.6 に示した論理回路の FI, FO について，以下の問いに答えよ．
(1) 後段の三つの論理ブロックについて，それぞれの FI はいくらか．
(2) 前段のインバータの最大 FO が 4 であるとした場合，図の論理回路は制約の範囲にあるか．

---

† 構成図が扇の形に似ることから fan と呼びます．

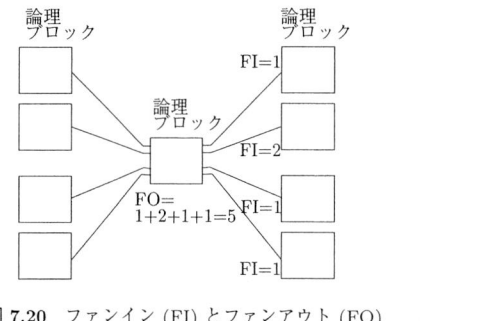

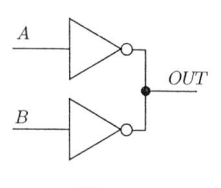

図 7.20　ファンイン (FI) とファンアウト (FO)

図 7.21

7.2 一般に，論理ブロックの出力どうしの接続 (wired OR や wired AND などと呼ばれる) は禁止されている．図 7.21 のように，二つのインバータを接続した場合について，どのような問題が発生するかを述べよ．

7.3 LSI を設計する際の制約の一つに熱の問題がある．LSI を動作させるとチップは発熱し，チップの温度が上昇する．過熱すると pn 接合が機能しなくなり，誤動作や破壊を招く．そのため，チップの温度 (より正確には接合の温度) T_j をある値以下に保つ必要がある．放熱はパッケージを通して行われ，その熱抵抗を R_{TH} とすると，

$$T_j = T_A + R_{TH}P \tag{7.1}$$

で表せる．ここで T_A は周囲温度，P は LSI チップの消費電力である．

　いま，10^6 個のゲートをもつ LSI チップを，$R_{TH} = 45[°C/W]$ のプラスチックモールドパッケージに収納する．LSI のゲート当たりの負荷容量 $C_L = 0.05[pF]$ とすると，T_j を $150[°C]$ 以下に保って動作可能な最大のクロック周波数を求めよ．ただし，同時に動作するゲートは全体の 10% であるものとし，$T_A = 70[°C]$，電源電圧 $V_{DD} = 5[V]$ とする．

8. メモリー

8.1 メモリー LSI の基本構成

　メモリー LSI は，情報を記憶しておく半導体デバイスです．記憶原理には多くのものがあり，情報の一時的な記憶か長期の保存かなど，その用途によって使い分けられます．メモリー LSI は，磁気を利用するハードディスクドライブ (HDD) や光を利用するディジタルビデオディスク (DVD) に比べて記録の面密度は小さいのですが，読み出しと書き込みを随時にしかも高速に行えるものを作れることから，演算用デバイスであるマイクロプロセッサーユニット (MPU) などとともに情報機器になくてはならない LSI です．記録容量の増大に伴い，最近では SSD (solid state drive) と呼ばれるように，これまで HDD が利用されていた用途にメモリー LSI が使われるようになってきました．情報共有がさらに多くの場面で利用されるにともなって，今後もますます多くのメモリー LSI が使われることになるでしょう．

　図 8.1(a) に DRAM (dynamic random access memory)[†] に使われている 1 ビットの記憶回路とその構造例を示します．ワード線を介してゲートに電圧を加えて MOSFET を導通状態としている間に，ビット線に電圧を加えて配線用キャパシタに電荷を流しこみ，その後 MOSFET を遮断して電荷を蓄積することで "1" または "0" の情報を記憶します．読み出すときは同様に MOSFET を導通にし，ビット線に現れる電圧の変化を読み出します．電荷を蓄積する記憶用キャパシタは，容量が大きいほど記憶保持が確実になります．一方，高密度化のためには上からみたときの回路面積を小さくする必要があります．そこで，

[†] 日本語では動的随時書き込み読み出し記憶装置と呼ばれます．

8.1 メモリー LSI の基本構成

(a) DRAM メモリーセル回路

(b) メモリーの基本構成

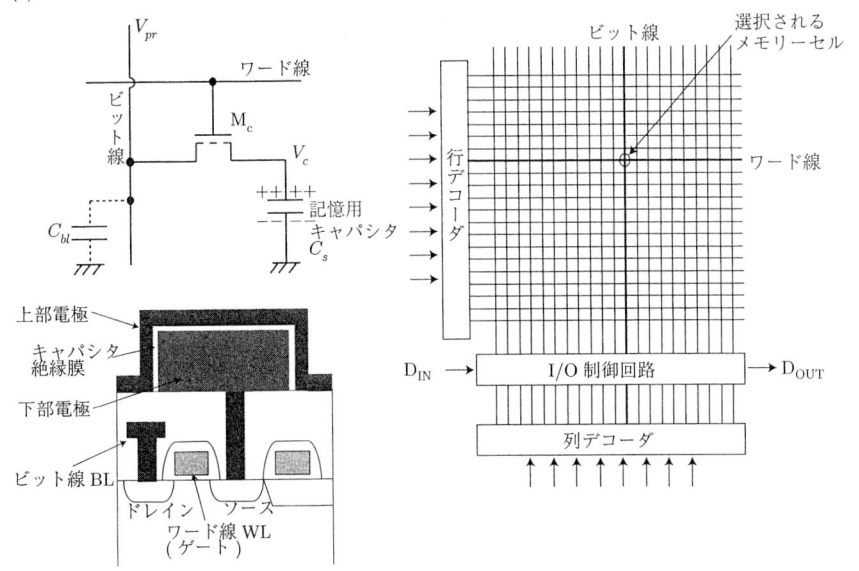

図 8.1 DRAM メモリーセルの回路とメモリー LSI の構成

この図に示した例のように，キャパシタをトランジスタの上部に重ねて形成する構造が一般的になっています．

図 8.1(a) は，1 ビットの情報を記憶する単位回路であり，これをメモリーセルと呼びます．メモリー LSI は図 8.1(b) に示すように，行を表すワード線と列を表すビット線を碁盤の目のように配列し，その交差する点にメモリーセルを配置した構造をもちます．行アドレスを表す信号から行デコータによってワード線の 1 本を選択すると，そのワード線につながっているセルの記憶データがビット線に現れ，列アドレスを受けた列デコータがビット線の内の 1 本を入出力 (I/O) 回路に接続することにより，一つのセルの読み出しを行います．一般にメモリーセルからビット線に出力される信号は微小なため，センスアンプ (sense amplifier) と呼ぶ増幅回路を用いて読み出します．

メモリーセルの数が記憶容量を表し，例えば $2^{20} = 1,048,576 = 1\,\text{M}$ セルをもつメモリーを 1 M (メガ) ビットのメモリーと表現します．1 M ビットを行と列に配列すると様々な組み合わせができます．I/O の本数を「ビット」と呼び，

選択に必要なアドレスの本数を「ワード」と呼んで,例えば「128 k ワード × 8 ビット構成の 1 M ビットメモリー」と表現します.

8.2 デコーダ回路

図 8.2 にデコーダの基本的な論理回路を示します. 2^n 本の中から 1 本を選択するには n 本の信号線 ("1" または "0" のアドレス信号を入力する線) が必要になります.図 8.2 は $n = 2$,すなわち 4 分の 1 にデコードする回路です.

問 8.1 図 8.2 の $O_1 \sim O_4$ の 4 つの出力をそれぞれ選択する ("1" を出力する) ために必要な入力 A_0, A_1 の組み合わせを示せ.

ところで,図 8.2 に示した 4 分の 1 ($n = 2$) デコーダは,2 入力の AND を

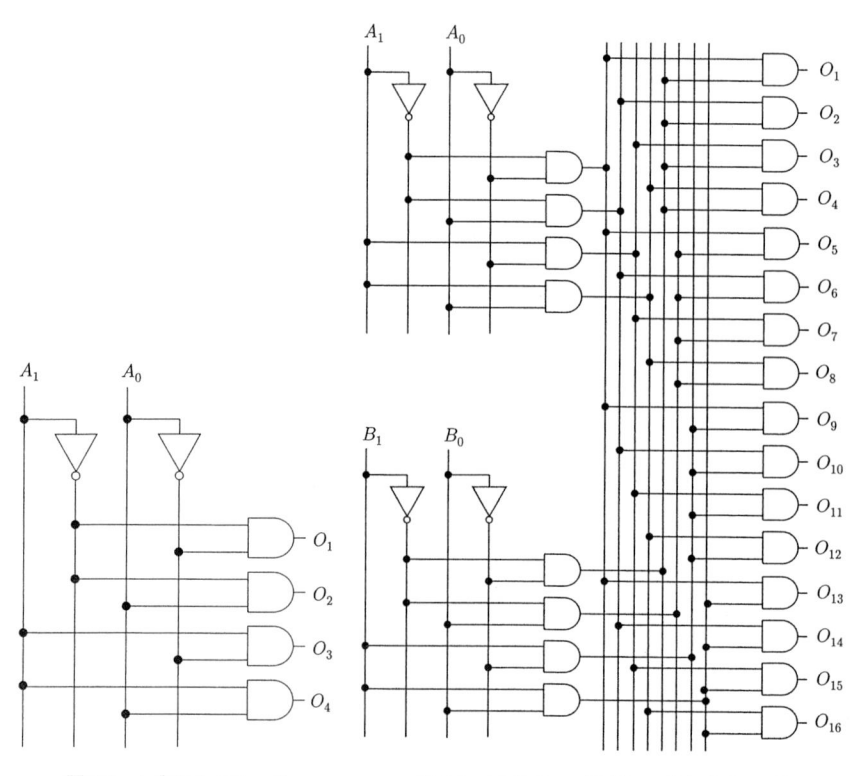

図 8.2 4 分の 1 デコーダ　　図 8.3 16 分の 1 プリデコード方式デコーダ

用いて構成できますが，$n = 4$ では4入力の，$n = 8$ では8入力のANDが必要となり，AND回路の中で直列接続されるMOSFETの数が4個，8個というように増加し，その結果，応答速度が大きく低下してしまいます．これを避けるためにプリデコード方式が用いられます．図 8.3 にその一例を示します．

8.3　メモリー LSI の分類

　メモリー LSI は，書き込み・読み出しの可否と随時性，記憶情報の揮発・不揮発性によって表 8.1 のように分類できます．多くは DRAM のようにランダムアクセスが可能ですが，高密度化を重視する NAND 型フラッシュメモリーは，セルに順次アクセスするシーケンシャルアクセス型を採用しています．利用する側からみると，記憶密度，書き込み・読み出しの速度も重要です．高速に書き込み・読み出しができる SRAM (static random access memory) と DRAM は，現在のコンピューティングでは MPU とともに欠かせません．

　書き込みに時間を要するものは読み出し専用として利用することから ROM (read only memory) と呼びます．例えば，フォトマスクのデザインの段階で情報を回路として書き込んでしまうマスク ROM があります．また，電気的に書き込みと消去が可能で不揮発性をもつ EEPROM (electrically erasable programmable ROM) があります．浮遊ゲートや2層絶縁膜界面への電荷の蓄積を記憶に利用します．フラッシュメモリーも EEPROM の一つと考えることができます．

　ROM は電源を切っても情報を消失しない特徴があるため，不揮発メモリーと呼ばれています．不揮発性をもち RAM として用いることができれば，メモリー

表 8.1　メモリー LSI の分類 (○：揮発性，□：不揮発性)

		ランダムアクセス型	シーケンシャルアクセス型
随時書き換え・読み出し可能	DRAM	○	
	SRAM	○	
	FeRAM	□	
	MRAM	□	
電気的に書き換え可能	NOR フラッシュ	□	NAND フラッシュ　□
	EEPROM	□	
読み出しのみ	マスク ROM	□	
	PROM	□	

の新たな応用が可能となります．強誘電体メモリー (FeRAM) や磁気抵抗効果メモリー (MRAM) は，密度や速度が SRAM や DRAM には劣ってはいますが，不揮発性をもつという大きな特長があることからその発展が期待されます．

8.4 SRAM

図 8.4(a) に SRAM (static random access memory) の基本セルを二つ接続した回路を示します．このセルは CMOS セルと呼ばれ，二つの CMOS インバータの各々の出力が互いの入力に接続された回路になっています．pMOS を抵抗や多結晶 Si の薄膜トランジスタ (thin film transistor, TFT) に置き換えたセルも使われます．

図 8.4 を使って SRAM セルの読み出し/書き込みの動作を説明します．セル 1 において節点 N1 が Low (接地電位)，節点 N2 が High (V_{DD}) に保持記憶されているとします．このとき，M_3, M_6 がオン，M_4, M_5 はオフですから，V_{DD} →接地への貫通電流は，トランジスタがオフのときの漏れ電流程度のわずかな電流しか流れません．

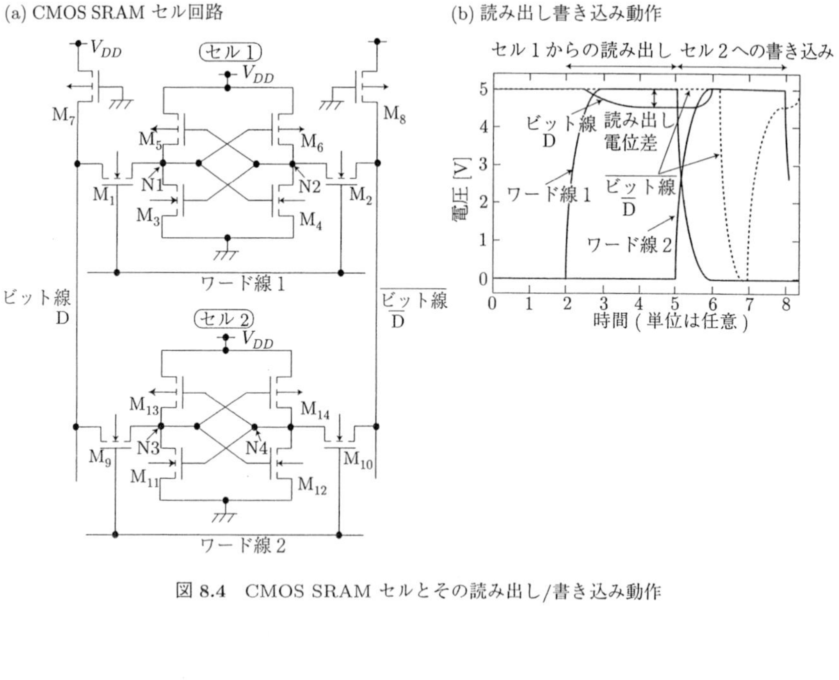

図 8.4 CMOS SRAM セルとその読み出し/書き込み動作

読み出しは，以下のような動作になります．メモリーセルが選択されるとワード線 1 が High になり M_1 がオンになります．M_2 のゲートも High になるのですが，M_2 のドレインとソースはともに High にあるので M_2 はオンしません．M_1 と M_3 が両方ともオンになるので $V_{DD} \to M_7 \to M_1 \to M_3 \to$ GND の経路で電流 I_{ON} が流れ，ビット線 D には $I_{ON} \times R_{M_7}$ の電圧降下を生じます．ここで M_7 は，ゲートが GND にあるのでオンであり，R_{M_7} は M_7 の実効的な抵抗を表すものとします．したがって，電圧降下がない $\overline{\text{ビット線 D}}$ との間にこの電圧降下分の電位差が生じ，選択されたセル 1 から Low データが出力されることになります．

　この動作の時間変化を図 8.4(b) に示します．初期状態ではセル 1，セル 2 とも節点 N1 側が Low，節点 N2 側が High であるとし，時刻 2 でセル 1 が選択された (ワード線 1 が High になった) とします．すると M_1 がオンになるので I_{ON} が流れ，M_7 の電圧降下により $\overline{\text{ビット線 D}}$ との間に電位差が生じます．この電位差を読みとれば読み出しができたことになります．この読み出しは，センスアンプを用いて行います．センスアンプはわずかな電位差を読みとり，電源の電圧まで増幅して出力する回路です．

　次にセル 2 へ書き込みを行う動作を説明します．ワード線 2 を High にします (時刻 5)．その後，$\overline{\text{ビット線 D}}$ を Low にすると M_{10} がオンになり，セル 2 の節点 N4 が Low，セル 2 の節点 N3 が逆に High になります．この後，$\overline{\text{ビット線 D}}$ を Low にする信号を切っても，M_{12} がオン状態にあるので，ワード線 2 が High にある間は，I_{ON} と同様の電流が $V_{DD} \to M_8 \to M_{10} \to M_{12} \to$ GND の経路で流れるため，$\overline{\text{ビット線 D}}$ の電位は V_{DD} よりも低下した状態になります．

8.5　DRAM

　DRAM のセルは図 8.1(a) に示したように，一つのトランジスタと一つのキャパシタから構成されます．まず，セルが選択されたときにビット線に現れる電圧について学んでおきましょう．図 8.1(a) に記入したように，セルの記憶用キャパシタの容量を C_s，セルの電位を V_c とします．ビット線がもつ寄生容量を C_{bl} とします．また，ビット線はあらかじめ V_{pr} まで上昇されているとします．あらかじめ電位を与えておくことをプリチャージと呼びます．トランジス

タ M_c がオンすると,ビット線と記憶用キャパシタ C_s は導通し,C_s 中の電荷はビット線がもつ寄生容量 C_{bl} との間で再配分され,ビット線とセルは同じ電位 V_{bl} になります.電荷は保存されるので次の関係が成り立ちます.

$$V_{pr}C_{bl} + V_c C_s = V_{bl}(C_{bl} + C_s) \tag{8.1}$$

左辺は M_c がオンする前の電荷,右辺は M_c がオンした後の電荷です.これより,ビット線の電位の変化を求めると

$$\Delta V_{bl} = V_{bl} - V_{pr} = \frac{V_c - V_{pr}}{1 + (C_{bl}/C_s)} \tag{8.2}$$

となります.ここで,C_{bl}/C_s を容量比と呼び,小さいほど信号電圧が大きくなります.

問 8.2 $C_s = 30[\text{fF}]$,容量比 10,$V_{pr} = 2.5[\text{V}]$,$V_c = 4.5[\text{V}]$ として読み出し時のビット線の信号量 ΔV_{bl} を求めよ.

図 8.5(a) に,DRAM のセンスアンプ回路の例とそれによる読み出し動作を示します.このセンスアンプは $M_3 \sim M_6$ からなるフリップフロップ回路と,この回路を動作 (活性化) するためのトランジスタ M_1,M_2 により構成されます.図 8.5(b) に,フリップフロップ回路の入出力特性を示します.C 点は $V_{N1} = V_{N2}$ の不安定点であり,わずかでも $V_{N1} > V_{N2}$ になると B 点の安定状態に,$V_{N2} > V_{N1}$ になると A 点の安定状態に遷移します.

センスアンプ動作を開始する前に,言い換えれば,活性化クロック ϕ_s,$\overline{\phi_s}$ を入れる前にリセット信号 ϕ_R が入力され節点 N1 (ビット線,BL) と N2 ($\overline{\text{ビット線}}$,$\overline{\text{BL}}$) は M_7 を通して短絡され,C 点 ($=V_{pr}$) にリセットされます.リセットされた後,ϕ_R をオフにしてビット線 (BL および $\overline{\text{BL}}$) を切り離します†.ワード線を High にしてセルを選択すると,例えば V_c が High にあったときはビット線 BL が ΔV_{bl} 分だけ増加します.次いでセンスアンプを活性化すると,N1 は N2 よりも ΔV_{bl} だけ正になっているので,M_4 と M_5 がオンして安定点 B に遷移します.

---

† このときビット線は電気的にはどこにも接続されていない「浮遊した」状態になります.

(a) DRAM センスアンプ回路例

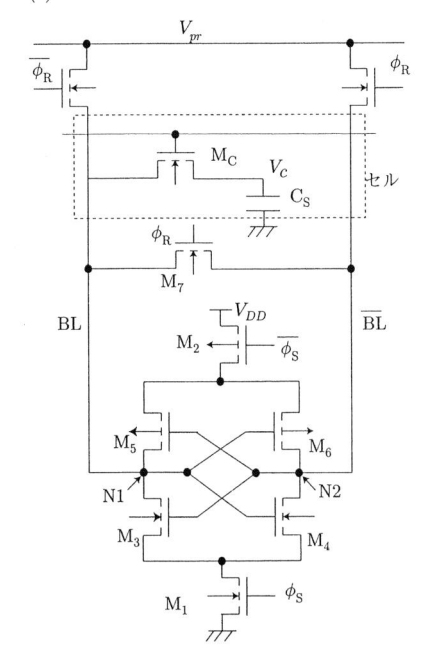

(b) センスアンプの入出力特性

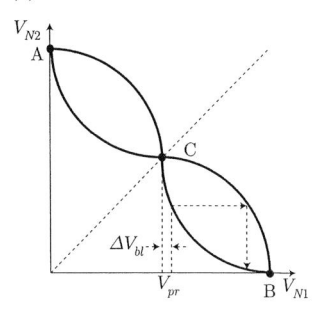

(c) High 読み出し時の波形

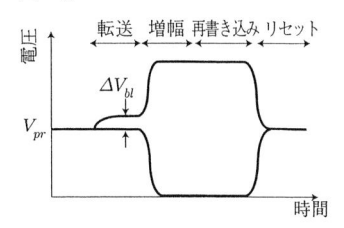

図 8.5　DRAM のセンスアンプ回路の例とその読み出し動作

センスアンプによって増幅されたビット線の電位は，M_C を介してセルに再書き込みされます．その後 M_C をオフにし，センスアンプおよびビット線はリセットされて一連の動作が終わります．

問 8.3　図 8.5(c) と同様の波形を Low を読み出すときについて描け．

8.6　フラッシュメモリー

8.6.1　スタックドゲートトランジスタ

図 8.6(a) に示すように，外部から電圧を加えられる制御ゲート CG とチャネルの間に，外部とは電気的に絶縁された浮遊ゲート FG をもつトランジスタをスタックドゲートトランジスタと呼びます．浮遊ゲートに電子が蓄積されているとトランジスタをオンするためにより大きな電圧を制御ゲートに加える必要があります．そのため，トランジスタの特性は図 8.6(b) のように，しきい電圧

(a) トランジスタ構造　　　(b) メモリー動作

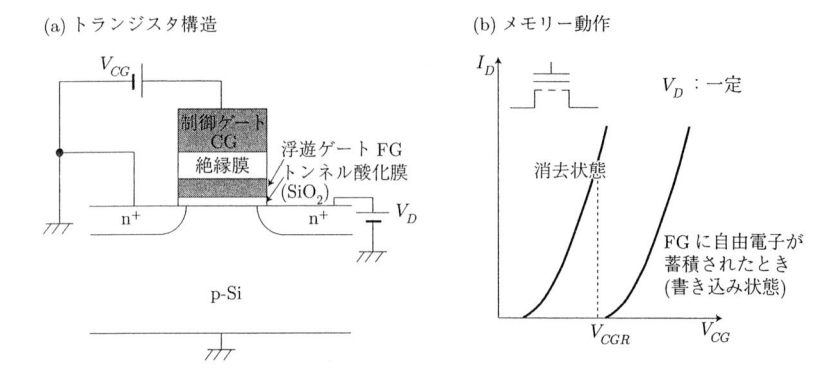

図 8.6　スタックドゲートトランジスタの構造とメモリー動作

が大きくなったと同じ特性になります．読み出しのときの制御ゲートの電圧を図中の V_{CGR} とすると，浮遊ゲートに電子が蓄積されていないとき (消去状態と呼びます) はドレイン電流が流れるのに対し，電子が蓄積されているとき (書き込み状態と呼びます) にはドレイン電流は流れません．フラッシュメモリー†はこのトランジスタを利用したメモリーです．電子が浮遊ゲートに蓄積されている間は記憶が保持されているので，不揮発性メモリーとなります．

浮遊ゲートへの自由電子の蓄積 (書き込み) 方法の一つにホットキャリヤ (hot carrier) の生成を利用するものがあります．MOSFET のチャンネル内の電界分布は式 (5.24) を x で微分し，

$$E_x = -\frac{dV_x}{dx} = -\frac{V_p}{2L}\frac{1}{\sqrt{1-x/L}} \tag{8.3}$$

と求まります．この式からわかるように，ドレイン近傍では電界が大きく，キャリヤは大きい速度まで加速されます．高速のキャリヤは温度が高い粒子とみることができるので，ホットキャリヤと呼びます．ホットキャリヤが Si の格子に衝突すると，原子結合を切り，新たにエネルギーの高いホットエレクトロンとホットホールを生成します．これがなだれのように起こるのでアバランシェ (なだれ) 効果 (avalanche effect) と呼びます．アバランシェ効果が発生すると，大量のホットエレクトロンが発生し，その内の一部はゲート酸化膜がもつ電位障壁を飛び越えて，電位の低い浮遊ゲートに入りこみます．図 8.7(a) は，この現

---

†　EEPROM の一種なのでフラッシュ EEPROM と呼ぶ場合もあります．

8.6 フラッシュメモリー

(a) 書き込み時のバイアス

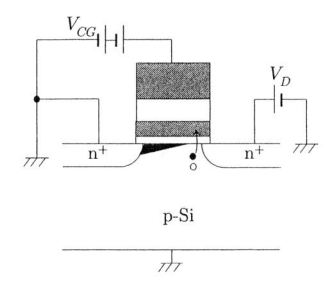

(b) ホットキャリヤ効果による書き込み

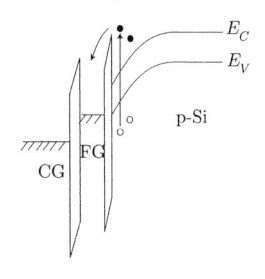

(c) 消去時のバイアス

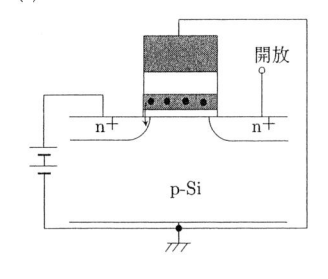

(d) トンネル効果による消去

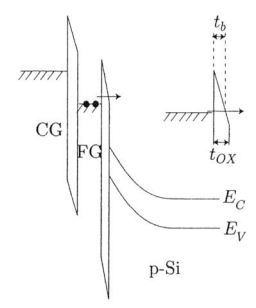

図 8.7 スタックドゲートトランジスタの書き込みと消去の原理

象を模式的に表したものであり，図 8.7(b) には，このときのエネルギーバンド図を描いています．

一方，トンネル現象 (tunnel effect) を利用すると，浮遊ゲートからの電子の引き抜き (消去) を実施できます．図 8.7(c) のように，制御ゲートを接地し，ソースを正に大きくバイアスすると，浮遊ゲートとソースの間のエネルギーバンド構造は図 8.7(d) のようになり，電気的な障壁の厚さ t_b は物理的な厚さ t_{OX} よりも小さくなります．t_b が数ナノメートル以下になると浮遊ゲート中にある自由電子は，ゲート酸化膜を通してトンネル効果で Si 側へと抜け出します．このように，電界により障壁厚さが実効的に減少してキャリヤが移動する現象を，FN トンネル (Fowler-Nordheim tunnel) といいます．逆方向に大きな電界をかけると半導体から浮遊ゲートへ自由電子を注入することもできます．

問 8.4 トンネル酸化膜の厚さが 10[nm]，Si の E_C と SiO_2 の E_C の差が 3.2 [eV]

のとき，実効的な障壁の厚さ t_b を 4 [nm] にするには，浮遊ゲートとソース間の電位差をいくらにすれば良いか．

8.6.2 NOR 型フラッシュメモリー

図 8.8 に示すように各セルを行列状に接続したものを NOR 型フラッシュメモリーと呼びます．次に述べる NAND 型フラッシュメモリーに比べて読み出し速度が速いことから，システム LSI の制御プログラムの格納などに利用されます．NOR 型では書き込みにはホットキャリヤ効果を，消去にはトンネル効果を利用します．その動作を説明しましょう．

書き込み (M_0 への High の書き込み) ワード線 WL_0 を 12 [V]，ワード線 WL_1 を 0 [V]，ビット線 BL_0 を 6 [V]，ビット線 BL_1 を 0 [V] とすると，M_0 の浮遊ゲートには，ホットキャリヤ効果で自由電子が注入され，書き込まれます．ドレインが 0 [V] または浮遊ゲートが 0 [V] であると書き込みは起こらないので，ほかのセルには書きこまれません．

消去 ($M_0 \sim M_3$ への Low の書き込み) WL_0, WL_1 を 0 [V]，ビット線 BL_0, BL_1 をオープンにし，ソース線に 12 [V] を印加すると，浮遊ゲートからソースへ自由電子がトンネルし，すべてのセルが一括して消去されます．"フラッシュ" の語源はこの動作にあります．EEPROM もスタックドゲートトランジスタの原理を利用したものですが，1 個あるいは少ビット単位で読み出し，書き込み消去を行う構成になっている点がフラッシュメモリーと異なります．

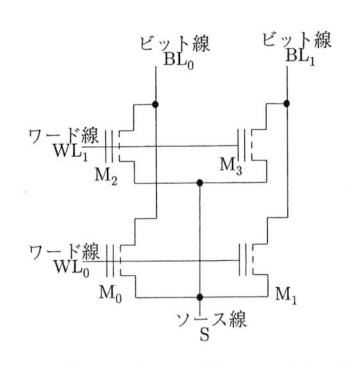

図 8.8 NOR 型フラッシュメモリーのメモリーセルアレイ

8.6.3　NAND 型フラッシュメモリー

図 8.9(a) に NAND 型フラッシュメモリーの断面構造の模式図を示します．NAND 型フラッシュメモリーはスタックドゲートトランジスタが 8～64 個 (図 8.9(a) では 4 個のみ描いています) 直列に接続され，その両側を選択用 (SL) と分離用 (IL) のトランジスタが挟む構造になっています．セルトランジスタを高密度に配置できるため，SSD などのストレージ用途に利用されています．

図 8.9(b), (c) にそれぞれ，消去と書き込み動作時のバイアス状態を示します．NOR 型と異なり，NAND 型では消去だけでなく書き込みもトンネル効果を利用します．消去はすべての WL を 0[V] にして p 型ウェルに +20[V] を加え，浮遊ゲートから電子を引き抜くことでブロック内のすべてのセルを消去できます．

一方，書き込みはワード線単位で行います．p 型ウェルを 0[V] とし，書き込むセルがある WL_0 に +20[V] を与えます．NAND 型ではセルトランジスタのしきい電圧 V_T が負になる状態を消去としてしているので，+7[V] が加わった WL_1～WL_3 に接続されているトランジスタは導通し，チャネルの電位を BL_0 の電位である 0[V] とするのでチャネルから浮遊ゲートにトンネル効果で電子が注入され，書き込みが行われます．一方，BL_1 には +7[V] を加えておくと，

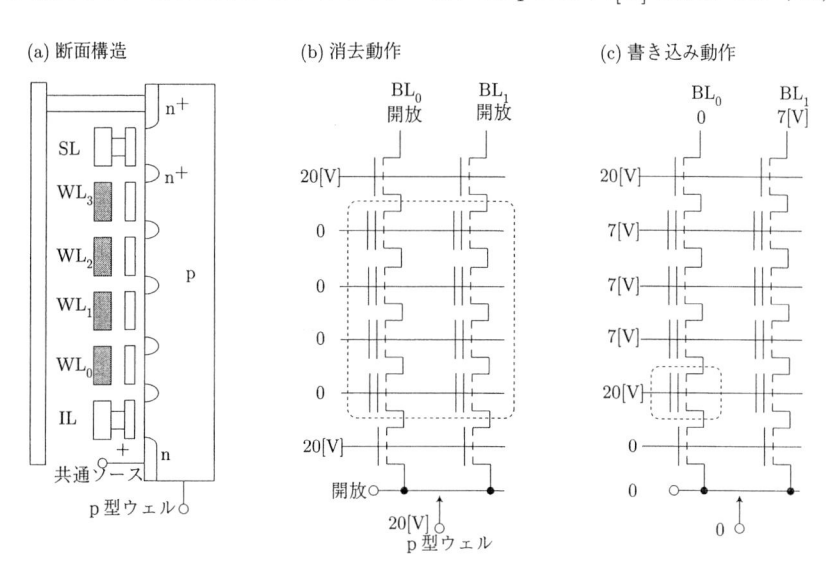

図 8.9　NAND 型フラッシュメモリー

BL_1 に接続された四つのトランジスタのチャネルは+7[V] となるため，WL_0 に接続されているトランジスタの電界が弱まり，トンネル効果による書き込みを阻止できます．書き込みは共通ソース側から順次行います．このようにしてブロック全体の消去とセルごとの書き込みを実施できます．読み出す際にも書き込みと同様に順次セルにアクセスします．

8.7 強誘電体メモリー (FeRAM)

誘電体材料の中には，外部からの電界によって変化した構成原子の相対的な位置が，電界を切っても元に戻らない性質をもつものがあります．構成原子は正または負の電荷をもっているので，この相対的な原子位置の変化により，内部には分極が生じた状態が保たれることになります．このような性質をもつ誘電体材料を強誘電体 (ferroelectrics) と呼び，内部に発生した分極を自発分極と呼びます．自発分極を起こすと，強誘電体を挟む電極には，自発分極に応じた正負の電荷が誘導されます．自発分極は，図 8.10(a) に示すように，分極を打ち消す方向に電界を加えると消滅でき，さらには反対方向の自発分極を引き起こすこともできます．つまり，電圧 (電界) をゼロにしても，二つの電極の間に $+P_r$ または $-P_r$ を保持した状態を作ることができます．これらをそれぞれ "1" または "0" とすることで，原理的に不揮発のメモリーを作ることができます．

図 8.10(b), (c) は，強誘電体メモリー (ferroelectric random access memory, FeRAM) のセル構造の一つで，1T1C 型セルと呼ばれるものです．DRAM との違いは，キャパシタの対向電極が DRAM では GND 接続でしたが，FeRAM ではプレート線 PL に接続されており，電圧が加えられるようになっていることです．

読み出し時の動作を図 8.11 に示します．①でリセット状態にします．②でワード線 WL を High にすると同時にプレート線 PL を High にします．このとき，ビット線 BL に現れる電圧は強誘電体の分極によって変わり，"1" が記憶されている場合には "0" が記憶されている場合に比べて高い電圧が BL に現れます．この BL の電圧が参照電圧よりも大きい場合には，セルに接続されたセンスアンプは記憶情報を "1" と判断し，BL を High まで増幅します (③).

ところでこの場合，②で PL に High を加えると，元の分極を打ち消す方向

8.7 強誘電体メモリー (FeRAM)

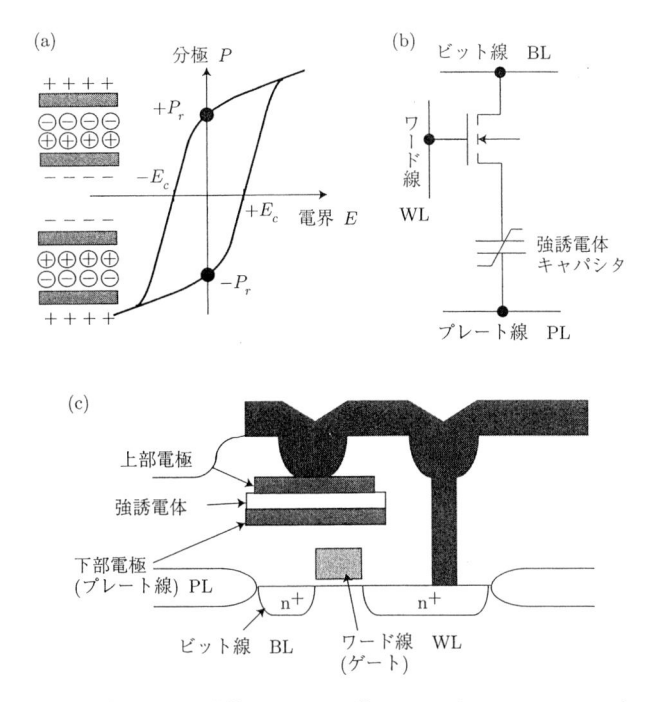

図 8.10 (a) 強誘電体の分極特性，(b) 1T1C 型 FeRAM セル，(c) FeRAM セルの断面構造の例

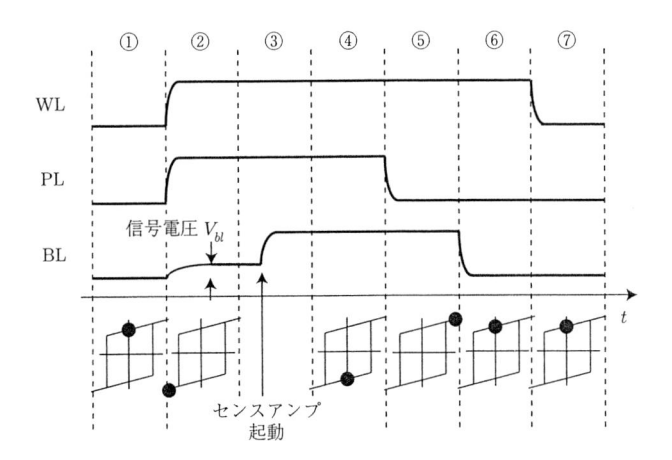

図 8.11 1T1C 型の強誘電体メモリーの読み出し動作の概要

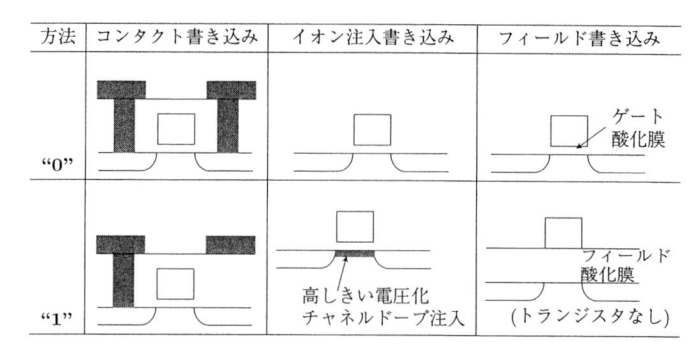

方法	コンタクト書き込み	イオン注入書き込み	フィールド書き込み
"0"			ゲート酸化膜
"1"		高しきい電圧化 チャネルドープ注入	フィールド酸化膜 (トランジスタなし)

図 8.12 マスク ROM のデータ書き込み方法

に電界が加わります．この電界は記憶を破壊する方向に作用します．そこで⑤のように，BL を High に保ったまま PL を Low にすると，元の分極を誘発する方向に電界が加わるため再書き込みができます．このような一連の動作で読み出しを終了します．

8.8 ROM

メモリー LSI の製造段階でフォトマスクを用いて書き込みを行う ROM をマスク ROM と呼びます．使用者は文字どおり，読み出ししか行えません．

マスク ROM では，通常の構造をもつ MOSFET に書きこむことができます．図 8.12 にいくつかの書き込み方法を示します．

配線の特定の箇所に大きな電流を流して電気ヒューズのように焼き切ることで書きこむ ROM があり PROM (programmable ROM) と呼ばれます．

演習問題

8.1 インバータ，2 入力 NAND，4 入力 NAND の遅延時間がそれぞれ $t_I = 0.2[\text{ns}]$，$t_{N2} = 0.3[\text{ns}]$，$t_{N4} = 0.8[\text{ns}]$ であるとき，16 分の 1 デコーダを図 8.3 のようにプリデコードした場合と，それをしない場合でアドレス入力からデコーダ出力までの遅延時間を比較せよ．

8.2 比誘電率 $\varepsilon_{\text{SiN}} = 7.5$，厚さ $t_{\text{SiN}} = 6[\text{nm}]$ の Si_3N_4 膜を絶縁膜とし，面積 $S = 2.7 \times 10^{-12}[\text{m}^2]$ のキャパシタをセルにもつ DRAM がある．この DRAM のビット線容量は $C_{bl} = 250[\text{fF}]$，センスアンプの感度は 30[mV] とする．また，電源電

圧は $V_{DD} = 5\text{[V]}$, ビット線のプリチャージ電圧は $V_{pr} = 2.5\text{[V]}$ とし, セルの High レベルは V_{DD} に等しいとする. 以下の問いに答えよ.

(1) セルキャパシタの容量 C_s を求めよ.
(2) C_s に接続される pn 接合の逆方向飽和電流 (漏れ電流) が 70[°C] にて $5 \times 10^{-14}\text{[A]}$ であるとする. この漏れ電流によって読み出しが不可能になるまでの時間 t_{REF} を求めよ.
(3) 記憶を保持するために DRAM は t_{REF} 以内にデータを改めて書きこむリフレッシュという操作を実行している. リフレッシュによって読み出しが制限されるため t_{REF} は長いほど性能を向上できる. pn 接合ダイオードの漏れ電流は, 室温付近では 10[°C] 下がるとおよそ $1/2$ に減少する. この DRAM を 20[°C] において動作させた場合の t_{REF} を求めよ.

8.3 浮遊ゲート型メモリーセルの微細化が進んでもトンネル酸化膜の厚さは 8[nm] 程度の一定の値に保たれている. これは, 一定時間以上に記憶を保持するためである. 以下の問いに答えよ.

(1) トンネル酸化膜の厚さ $t_{OX} = 8\text{[nm]}$, $L = 0.35\text{[}\mu\text{m]}$, $W/L = 4$ の浮遊ゲート型トランジスタの浮遊ゲート–チャネル間の容量 C_{FG} を求めよ.
(2) 浮遊ゲート–チャネル間に 1.5[V] の電位差を発生させるのに浮遊ゲート内に蓄積すべき電荷を求めよ (浮遊ゲートには自由電子電荷, すなわち負の電荷が蓄積される).
(3) 浮遊ゲートに蓄積されている電荷の 20% が失われたとき, 記憶の喪失と判定するものとする. 10 年間にわたって記憶を保持し続けるために許容される自由電子の浮遊ゲートからの消失は 1 日当たりおよそ何個になるか.

9. アナログ集積回路

　ここでは，アナログ信号を扱う場合の基本的な増幅回路と演算増幅器 (OP アンプ) の動作を理解するとともに，温度補償の考え方について学びます．また，アナログ集積回路特有のレイアウト設計があることについても学びます．

9.1 基本的な増幅回路

　1.5 節で述べたように，アナログ回路におけるトランジスタの大きな役割は，信号の増幅です．MOSFET を使った増幅回路には，図 9.1(a), (b), (c) に示す 3 つの回路があり，それぞれソース接地増幅回路，ゲート接地増幅回路，ドレイン接地増幅回路と呼ばれています．一見すると，(b) のゲート接地増幅回路や (c) のドレイン接地増幅回路では，それぞれゲート，ドレインに直流電圧が加わっており，接地されていないように見えます．しかし，直流電圧源には任意の電流が流れ，交流電圧は生じないので，交流信号に対しては直流電圧源は短絡と等価になるので，それぞれの回路においてゲートとドレインは接地されているのと等価になります．

9.1.1 ソース接地増幅回路

　入力する交流信号の周波数が低く，MOSFET のゲート–ソース間容量 C_{GS} やゲート–ドレイン間容量 C_{GD} に流れる電流が小さいとしたときのソース接地増幅回路の小信号等価回路を図 9.2 に示します．

　問 9.1　図 9.2 において，①，②の接地点の直流電位を示しなさい．
　問 9.2　図 9.1(a) の回路図において，ドレイン電流 I_D は

9.1 基本的な増幅回路

(a) ソース接地増幅回路 (b) ゲート接地増幅回路 (c) ドレイン接地増幅回路

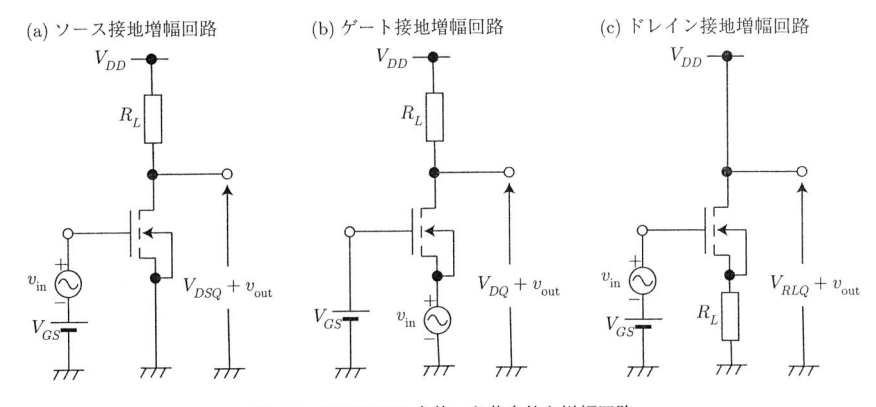

図 **9.1** MOSFET を使った基本的な増幅回路

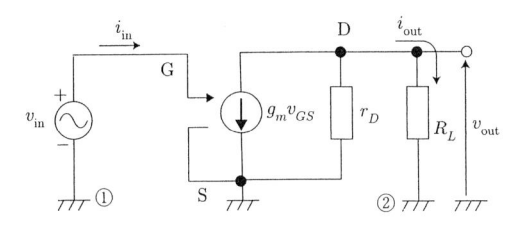

図 **9.2** ソース接地増幅回路の小信号等価回路

$$I_D = \frac{\beta}{2}(V_{GS} - V_T)^2 + \beta(V_{GS} - V_T)v_{\text{in}} \tag{9.1}$$

となることを示しなさい.

交流信号 v_{in} によって駆動される電流源が流す電流 $g_m v_{gs}$ は,その電流源から右側をみるとわかるように二つの抵抗 r_D と R_L とを並列に接続した抵抗を流れます.したがって,v_{out} はこれら並列に接続した抵抗の両端に現れる電圧になるので,$v_{GS} = v_{\text{in}}$ であることを考えて,

$$v_{\text{out}} = -\frac{r_D R_L}{r_D + R_L} g_m v_{GS} = -\frac{r_D R_L}{r_D + R_L} g_m v_{\text{in}} \tag{9.2}$$

となります.ここでマイナス符号は,電流源の向きから考えてわかるように,v_{in} が正に増加すると v_{out} が負に大きくなることを意味しています.電圧利得 A_{vS} は

$$A_{vS} = \frac{v_\text{out}}{v_\text{in}} = -\frac{r_D R_L}{r_D + R_L} g_m \tag{9.3}$$

となります.なお,利得にマイナス符号がつく増幅回路を逆相増幅回路と呼びます.

問 9.3 $W/L = 5$, $C_{OX} = 7.1 \times 10^{-4}[\text{F/m}^2]$, $\mu_n = 0.50[\text{m}^2/\text{Vs}]$, $V_T = +1.0[\text{V}]$, $r_D = 100[\text{k}\Omega]$ の n チャネル MOSFET がある.この MOSFET に,$R_L = 12[\text{k}\Omega]$ の負荷抵抗を接続したソース接地増幅回路にゲートバイアス $V_{GS} = 2.5[\text{V}]$ を加えたときの電圧利得 A_{vS} を求めなさい.

9.1.2 ゲート接地増幅回路

図 9.1(b) に示したゲート接地増幅回路の小信号等価回路は図 9.3 のように描けます.この回路では,$i_\text{in} = i_\text{out}$ となります.また,$v_{GS} = -v_\text{in}$ です.入力電流 i_in は電流源 $g_m v_{GS}$ に流れる電流と r_D に流れる電流の和になるから,電流源の向きに注意して,

$$i_\text{in} = -g_m v_{GS} + \frac{v_\text{in} - v_\text{out}}{r_D} = g_m v_\text{in} + \frac{v_\text{in} - v_\text{out}}{r_D} \tag{9.4}$$

となります.出力電圧 v_out は,$i_\text{in} = i_\text{out}$ なので,

$$v_\text{out} = R_L i_\text{out} = R_L i_\text{in} \tag{9.5}$$

となります.これに式 (9.4) を代入してゲート接地での電圧利得 A_{vG} を求めると,

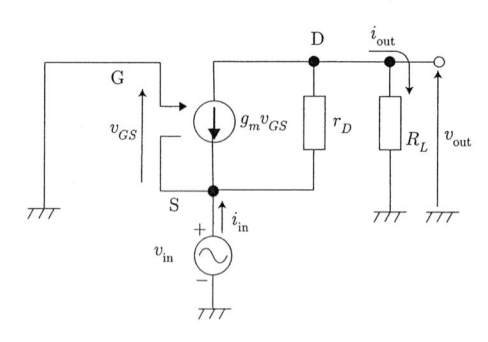

図 9.3 ゲート接地増幅回路の小信号等価回路

9.1 基本的な増幅回路

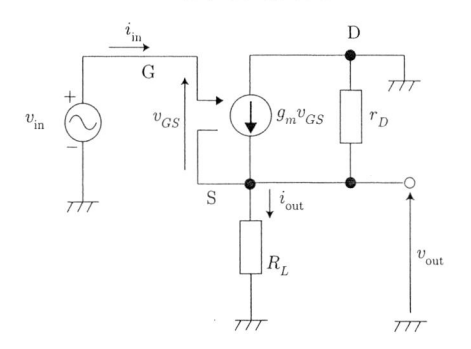

図 9.4 ドレイン接地増幅回路の小信号等価回路

$$A_{vG} = \frac{v_{\text{out}}}{v_{\text{in}}} = \frac{R_L(1+g_m r_D)}{r_D + R_L} \tag{9.6}$$

となります．電圧利得の符号がプラスになっています．これは，ソースの電位が上がると，ドレインの電位も上がることを意味します．電圧利得にプラスの符号がつく増幅回路を正相増幅回路と呼びます．

問 9.4 前問のパラメータをもつ素子を用いたゲート接地増幅回路の電圧利得 A_{vG} を求めなさい．

9.1.3 ドレイン接地増幅回路

図 9.1(c) に示したドレイン接地増幅回路の小信号等価回路を図 9.4 に示します．この回路では，$v_{GS} = v_{\text{in}} - v_{\text{out}}$ です．電流 $g_m v_{GS}$ が R_L と r_D に分流されて接地に流れるので

$$i_{\text{out}} = g_m v_{GS} - \frac{v_{\text{out}}}{r_D} = g_m(v_{\text{in}} - v_{\text{out}}) - \frac{v_{\text{out}}}{r_D} \tag{9.7}$$

となります．$i_{\text{out}} = v_{\text{out}}/R_L$ であることを考慮すると

$$A_{vD} = \frac{v_{\text{out}}}{v_{\text{in}}} = \frac{g_m r_D R_L}{r_D + R_L + g_m r_D R_L} \tag{9.8}$$

が得られます．

問 9.5 問 9.3 のパラメータをもつ素子を使ったドレイン接地増幅回路の電圧利得 A_{vD} を求めなさい．

(a) ソース接地増幅回路　　　(b) 小信号等価回路

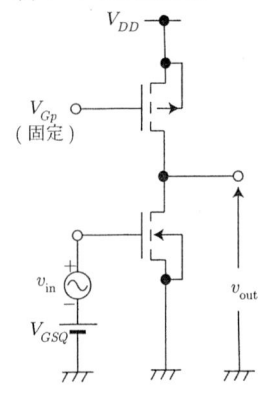

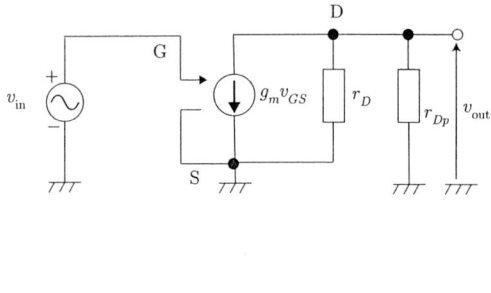

図 9.5　pMOSFET を負荷とする回路の例

9.1.4　MOSFET負荷

CMOS アナログ集積回路では多くの場合，増幅回路の負荷抵抗 R_L を p チャネル MOSFET で代用します．ソース接地増幅回路の例を図 9.5(a) に示します．p チャネル MOSFET を負荷とするのは，

① 負荷に MOSFET を用いると，駆動用 MOSFET に大きな電流を流すことができ，その結果，駆動 MOSFET を大きくすることができる

② 負荷 MOSFET のバイアス条件を変えることで，負荷抵抗の大きさを変えることができる

③ 抵抗素子より MOSFET の方が，寸法を小さくできる

などの理由によるものです．

負荷の p チャネル MOSFET のゲートバイアスは固定しているので，小信号等価回路は p チャネル MOSFET のドレインからみた出力抵抗 r_{Dp} が接続されているのと等価になり，図 9.5(b) のように描けます．

9.2　差動増幅回路

差動増幅回路は，アナログ集積回路で大変良く使われる回路です．その名のとおり，二つの入力信号の差を増幅することを目的とした回路です．基本的な差動増幅回路を図 9.6 に示します．

9.2 差動増幅回路

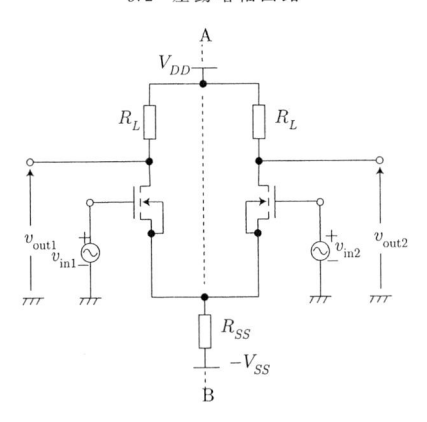

図 9.6 基本的な差動増幅回路

　この図からわかるように，差動増幅回路は素子値を含めて左右が全く同じ回路になっています．集積回路では，特性の同じ素子を作ることが比較的容易にできます．例えば，隣り合う二つのトランジスタの特性をほぼ同じにできることはもちろん，抵抗値や容量値などもおよそ1%の精度で同じ値の素子を作ることができます．しかし，その値を正確に決めることは難しく，例えば抵抗の場合には10~20%の違いが発生することはよくあります．差動増幅回路では，素子の値が変動しても，その変動は左右に等しく現れるので，差は変動しないことになります．差動増幅回路は集積回路製造技術の特徴を実にうまくとらえた回路といえます．

9.2.1 信号増幅動作

　一般に，二つの入力信号電圧 v_{in1} と v_{in2} がどのような場合であっても，v_{in1} と v_{in2} を

$$v_{in1} = +v_d + v_c \tag{9.9}$$

$$v_{in2} = -v_d + v_c \tag{9.10}$$

と分解することができます．ただし，v_d と v_c は

$$v_d = \frac{v_{\text{in}1} - v_{\text{in}2}}{2} \qquad (9.11)$$

$$v_c = \frac{v_{\text{in}1} + v_{\text{in}2}}{2} \qquad (9.12)$$

です．v_d を差動入力電圧，v_c を同相入力電圧と呼びます．小信号を取り扱う場合，回路は線形回路であり重ね合わせの原理が成り立ちます．そこで，差動増幅回路に v_d だけが加わった場合，v_c だけが加わった場合をそれぞれ求め，それらを合わせるという手法で解析を進めます．

まず，v_d だけが加わった場合を考えます．図 9.6 の回路の二つの入力に $+v_d$，$-v_d$ のように大きさが等しくて符号が反対の信号が加わると，左半分の節点の電位が上がると同じ分だけ右半分の電位が下がるというように，真ん中の対称線 A, B を中心にシーソーのように回路の電位は変化します．左右対称なので，どちらか一方だけの回路を考えれば良く，例えば左半分とするとその等価回路は図 9.7 のように描けます．ここで図 9.6 にある R_{ss} がなくなっているのは，シーソーのような動きをするので対称線上にある R_{ss} の上端の電位 (つまり MOSFET のソースの電位) は固定されているために，接地と等価になるからです．

この左半分の回路は，ソース接地増幅回路そのものであり，したがって差動入力に対する電圧利得 A_d は

$$A_d = \frac{v_{\text{out}d}}{v_d} = \frac{-g_m r_D R_L}{r_D + R_L} \qquad (9.13)$$

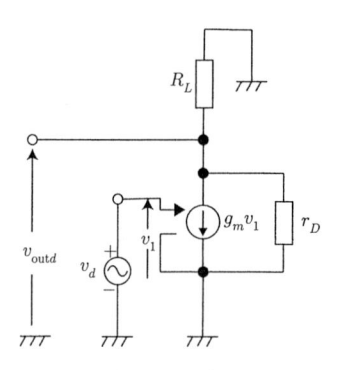

図 9.7　差動入力に対する左半分の等価回路

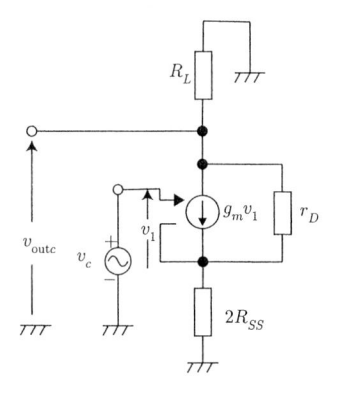

図 **9.8** 同相入力に対する左半分の等価回路

となります．この A_d を差動利得とも呼びます．

次に v_c だけが加わっている場合を考えます．この場合，v_{in1} に v_c が加わると v_{in2} にも v_c が加わるため，左右の電位は同じ分だけ変化します．そのため左右の間で電流の流出入はありません．したがって，この場合も例えば左半分だけの動作を解析すれば回路動作の全体をつかめることになります．この場合の左半分の等価回路を図 9.8 に示します．この場合には，抵抗 R_{ss} は左右から同じ大きさの電流が流入することになるので，実効的に抵抗が 2 倍になったとみなされることから，$2R_{ss}$ の抵抗がソースに接続されています．

この場合の電圧利得は，

$$A_c = \frac{v_{\text{out}c}}{v_c} = \frac{-g_m r_D R_L}{r_D + R_L + 2R_{ss}(1 + g_m r_D)} \tag{9.14}$$

となります．A_c を同相利得と呼びます．

最後に，v_d が加わった場合と v_c が加わった場合を足し合わせると，v_{in1} と v_{in2} が加わっている場合の結果が得られます．入力電圧 v_{in1} と v_{in2} が加えられた場合の出力電圧 v_{out1} と v_{out2} は

$$\begin{aligned}v_{\text{out1}} &= v_{\text{out}d} + v_{\text{out}c} \\ &= -\frac{g_m r_D R_L (v_{\text{in1}} - v_{\text{in2}})}{2(r_D + R_L)} - \frac{g_m r_D R_L (v_{\text{in1}} + v_{\text{in2}})}{2[r_D + R_L + 2R_{ss}(1 + g_m r_D)]}\end{aligned} \tag{9.15}$$

$$v_{\text{out2}} = -v_{\text{outd}} + v_{\text{outc}}$$
$$= \frac{g_m r_D R_L (v_{\text{in1}} - v_{\text{in2}})}{2(r_D + R_L)} - \frac{g_m r_D R_L (v_{\text{in1}} + v_{\text{in2}})}{2[r_D + R_L + 2R_{ss}(1 + g_m r_D)]} \quad (9.16)$$

問 9.6 上の二つの式を導出せよ.

問 9.7 問 9.3 のパラメータをもつ素子を用いて $R_{ss} = 2[\text{k}\Omega]$ として差動増幅回路を作った場合の差動利得 A_d と同相利得 A_c を求めなさい.

9.2.2 同相除去比 CMRR

差動増幅回路は，差動信号の増幅を目的とするものなので，理想的には同相信号は増幅してほしくありません．同相成分による増幅信号の乱れの様子を模式的に図 9.9 に示します.

そこで差動増幅利得 A_d と同相利得 A_c の比を使って差動増幅回路の性能を評価します．この比の値を同相除去比 (common mode rejection ratio, CMRR) と呼びます.

$$\text{CMRR} = \frac{A_d}{A_c} \quad (9.17)$$

図 9.6 の回路の CMRR は,

$$\text{CMRR} = 1 + 2\frac{R_{ss}(1 + g_m r_D)}{r_D + R_L} \quad (9.18)$$

となります.

問 9.8 上の式を導出せよ.

同相除去比を改善するためには，g_m や R_{ss} を大きくすれば良いことがわか

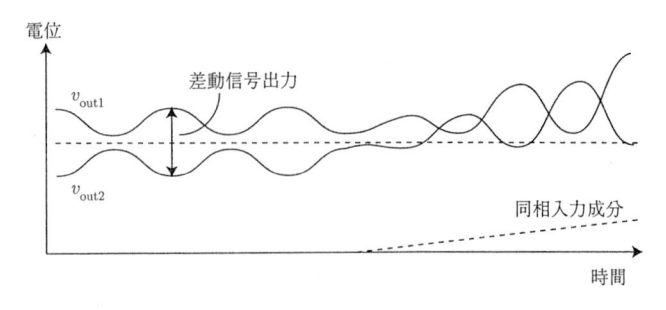

図 9.9 同相成分による差動出力信号の乱れの概念図

9.3 電流ミラー回路

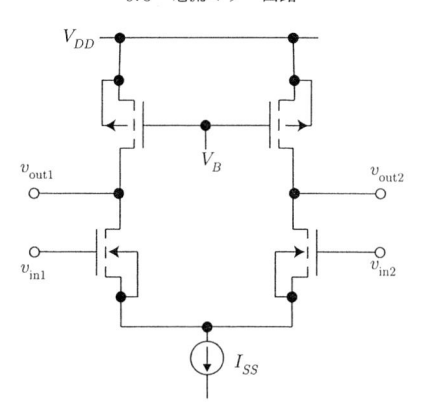

図 9.10 直流電流源を用いた差動増幅回路

りますが，これらを大きくするには電源電圧を大きくする必要が生じ，消費電力の増大を招いてしまいます．消費電力を増やさずに同相除去比を改善するために，R_{ss} の代わりに，図 9.10 のように直流電流源を用いる回路が使われます．

9.3 電流ミラー回路

図 9.11 に示す回路を電流ミラー回路と呼び，図 9.11(a) は一定電流 I_out を端子 A を通して別の回路から引き出すために，また図 9.11(b) は I_out を別の回路に供給するために利用されます．(a) の回路を使って動作を説明します．

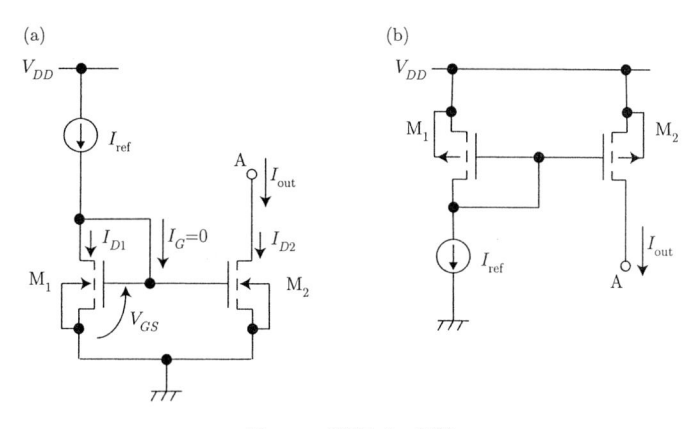

図 9.11 電流ミラー回路

M_1 のゲート/ソース間は，I_{ref} を流すだけ V_{GS} が加わった状態になります。M_2 のゲートも同じ V_{GS} が加わります。ゲート電流はゼロなので，M_1 と M_2 の $\beta_n = \mu_n C_{OX}(W/L)$ および V_T が等しければ，$I_{ref} = I_{D1} = I_{D2} = I_{out}$ となり，I_{ref} と同じ電流を I_{out} に流すことができます。通常は M_1 と M_2 で $\mu_n C_{OX}$ は等しくするので，

$$I_{out} = I_{ref} \frac{(W_2/L_2)}{(W_1/L_1)} \tag{9.19}$$

となり，MOSFET の大きさの比で出力電流を任意の値に設定できます。

【例題】 図 9.12 の回路において，三つの nMOSFET $M_1 \sim M_3$ はすべて $\mu_n C_{OX} = 80 \times 10^{-6}[\text{A/V}]$, $V_T = +0.6[\text{V}]$ をもつとする。電源電圧 V_{DD} は 5[V] である。M_1 の $W_1/L_1 = 30\,\mu\text{m}/2\,\mu\text{m}$ とする。

(1) M_1 と M_3 を貫通する電流 $I_{ref} = 100[\mu\text{A}]$ としたい。M_3 の W_3/L_3 を決定しなさい。

(2) $I_{out} = 50[\mu\text{A}]$ としたい。M_2 の W_2/L_2 を決定しなさい。

【解】 まず，I_{ref} の一般的な表現式を求めておこう。M_1 と M_3 のドレインとゲートは接続されている (ダイオード接続とも呼ぶ) から，これらは常に飽和領域で動作することになります。M_1 を流れるドレイン電流 I_{D1} は，

$$I_{D1} = \frac{\beta_1}{2}(V_{GS1} - V_T)^2 \tag{9.20}$$

$$\beta_1 = \mu_n C_{OX} \frac{W_1}{L_1} \tag{9.21}$$

となります。M_3 のゲート/ソース間の電圧は $V_{GS3} = V_{DD} - V_{GS1}$ ですから，M_3 を

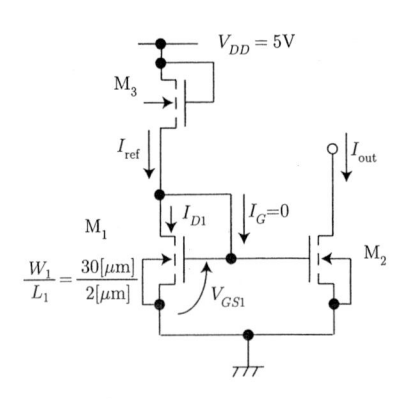

図 9.12 電流ミラー回路の数値例題

9.3 電流ミラー回路

流れるドレイン電流 I_{D3} は

$$I_{D3} = \frac{\beta_3}{2}\left(V_{DD} - V_{GS1} - V_T\right)^2 \tag{9.22}$$

$$\beta_3 = \mu_n C_{OX} \frac{W_3}{L_3} \tag{9.23}$$

となります. $I_{D1} = I_{D3} = I_\text{ref}$ なので, 上の二つの式より

$$V_{GS1} = \frac{\sqrt{\beta_s}V_{DD} + \left(1 - \sqrt{\beta_s}\right)V_T}{1 + \sqrt{\beta_s}} \tag{9.24}$$

$$\beta_s = \frac{\beta_3}{\beta_1} \tag{9.25}$$

となります. これを上の I_{D3} の式に代入すると

$$I_\text{ref} = I_{D1} = I_{D3} = \frac{\beta_3}{2}\frac{(V_{DD} - 2V_T)^2}{\left(1 + \sqrt{\beta_s}\right)^2} \tag{9.26}$$

を得ます.

(1) $V_{DD} = 5.0[\text{V}]$, $V_T = +0.6[\text{V}]$ をあてはめると

$$\frac{\beta_3}{\left(1 + \sqrt{\beta_s}\right)^2} = \frac{2}{(V_{DD} - 2V_T)^2}I_\text{ref} = \frac{2}{(5.0 - 2 \times 0.6)^2} \times 100 \times 10^{-6} \tag{9.27}$$

よって,

$$\frac{\mu_n C_{OX}\left(W_3/L_3\right)}{\left(1 + \sqrt{\frac{W_3/L_3}{W_1/L_1}}\right)^2} = 1.39 \times 10^{-5} \tag{9.28}$$

$W_1/L_1 = 15$, $\mu_n C_{OX} = 80 \times 10^{-6}\ [\text{A/V}^2]$ であるから

$$\frac{W_3}{L_3} = 0.22 \tag{9.29}$$

最小加工寸法が $2[\mu\text{m}]$ であることを考慮すると, $W_3 = 2[\mu\text{m}]$ とし, $L_3 = 9.2[\mu\text{m}]$.

(2) $I_\text{out} = 50[\mu\text{A}]$ とするには

$$\frac{W_2}{L_2} = \frac{50[\mu\text{A}]}{100[\mu\text{A}]} \times \frac{W_1}{L_1} = 7.5 \tag{9.30}$$

最小加工寸法が $2[\mu\text{m}]$ なので,

$$\frac{W_2}{L_2} = \frac{15[\mu\text{m}]}{2[\mu\text{m}]} \tag{9.31}$$

9.4 演算増幅器 (OP アンプ)

演算増幅器は，極めて大きな電圧利得 (しばしば無限大の電圧利得をもつとして取り扱われる) をもった差動増幅回路です．OP アンプ (operational amplifier) とも呼ばれます．図 9.13 にその回路記号を示します．信号に関わる三つの端子のみ示していますが，実際にはこれら以外にバイアスするための端子も存在します．演算増幅器の周辺にいくつかの受動素子を接続するだけで積分演算や四則演算を行う回路を実現できます．

演算増幅器の内部は，図 9.14 に示す回路要素で構成されます．初段の差動増幅器は 9.3 節で学んだ回路が使えます．利得段は，利得を大きくする役割をもつため，9.1 節で学んだソース接地増幅回路，またはゲート接地増幅回路が使われます．出力段には，負荷に大きな電流を流す必要がある場合にはドレイン接地増幅回路が，それ以外の場合には利得を大きくするためにソース接地増幅回路が使われます．

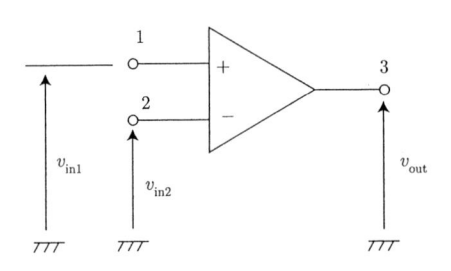

図 9.13　演算増幅器 (OP アンプ) の記号

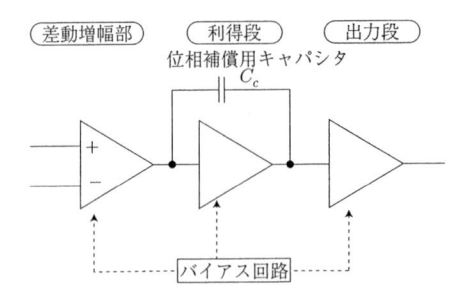

図 9.14　演算増幅器を構成する回路要素

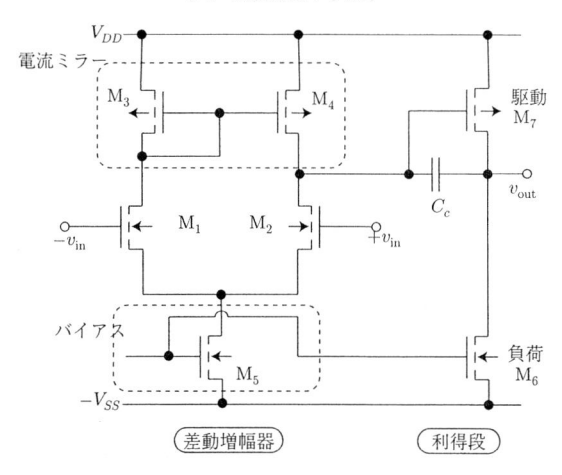

図 9.15　簡単な演算増幅器の回路例

　利得段の増幅器の出力と入力との間を位相補償用キャパシタで接続します．これは，演算増幅器の遮断周波数よりも高い周波数の信号が，演算増幅器の外部で出力から入力側に帰還されたときに信号の強め合いによって発振した状態になるのを防ぎ，演算増幅器の内部でそのような高周波領域の信号に対する利得をゼロ以下にするためで，不可欠なものです．

　図 9.15 に簡単な演算増幅器の回路を示します．M_1〜M_4 の差動増幅部は，左右の電流を等しくするために，pMOS の電流ミラー回路を nMOS の電流源に使った回路となっています．利得段は nMOS を負荷に，pMOS で駆動するソース接地増幅回路となっています．

9.5　温度補償の考え方

　LSI などの半導体デバイスには，使用する環境の変化やデバイス自身が発生する熱で温度が変わっても安定に動作することが求められます．アナログ回路では温度が変わっても電圧や電流を一定に保つ回路上の工夫が重要になります．ここでは抵抗とダイオードについて，温度による変化の要因とそれらを補償する考え方の基礎を学びます．

9.5.1 抵　　抗

長さ L, 幅 W をもつ薄形半導体の抵抗 R は，厚さを t とすると，

$$R = R_\square \frac{L}{W} = \frac{\rho}{t}\frac{L}{W} = \frac{1}{qn\mu_n t}\frac{L}{W} \tag{9.32}$$

となります．ここでは半導体が n 型であると仮定します．この中で温度によって変化する量は自由電子密度 n と自由電子の移動度 μ_n ですが，n については室温付近で温度が変化しても $n \simeq N_D$ でほぼ一定です．一方，μ_n は温度が増加すると減少します．それは温度が上昇すると，Si 原子の熱振動が激しくなるぶん，自由電子の散乱頻度が増えるためです．したがって，抵抗 R は温度が上昇すると増加します．抵抗として利用する場合，$10^{22}[\text{m}^{-3}]$ 程度にドープしますが，そのようなシリコンにおける抵抗の温度係数は

$$\frac{\Delta R}{R}\frac{1}{T} \simeq +0.3[\%/{}^\circ\text{C}] \tag{9.33}$$

の値をとります．

問 9.9 ダイオード接続した MOSFET に一定の電圧を加えたときの電流の温度係数の正負を考えなさい．ただし，室温付近で動作しているものとします．

9.5.2 ダイオードの立ち上がり電圧

第 2 章で述べたように，ダイオードに所定の電流 I_D を流すのに必要な立ち上がり電圧 V_d は

$$V_d = \frac{kT}{q}\ln\left(\frac{I_d}{I_s}\right) \tag{9.34}$$

です．逆方向飽和電流 I_s の温度依存性を考慮して V_d の温度 T による変化を求めると

$$\frac{dV_d}{dT} = \frac{1}{T}\left(V_d - \frac{3kT}{q} - \frac{E_G}{q}\right) \tag{9.35}$$

と求まります (章末の演習問題 9.4)．$V_d = 0.7[\text{V}]$, $T = 300[\text{K}]$, $E_G/q = 1.12[\text{V}]$ として数値を求めると

$$\frac{dV_d}{dT} \simeq -1.7[\text{mV}/{}^\circ\text{C}] \tag{9.36}$$

を得ます．これは実験値と良く合います．

9.5.3 温度補償の例

図 9.16 のように，抵抗とダイオードを直列に接続して一定電流 I を流したときに現れる電圧 V_O は，各々の素子の両端に現れる電圧の温度係数が正，負で打ち消し合うように作用するので，温度補償されていることになります．ただし，補償を完全にすることは困難です．

やや高度になりますが，温度が変わっても一定電圧を出力する回路について学んでみましょう．基本的な考え方は，同じ特性をもつ二つのダイオードに異なる電流を流したときに生じる立ち上がり電圧の差 ΔV_d は，V_d とは逆に正の温度係数をもつことを利用して温度補償するというものです．

図 9.17 のように，ダイオード D_1 と，D_1 を N 個並列に接続したダイオード D_2 を用意し，各々に同じ値の電流 I を流します．D_1 の逆方向飽和電流を I_s とすると，D_1 の立ち上がり電圧は

$$V_{d1} = \frac{kT}{q} \ln\left(\frac{I}{I_s}\right) \tag{9.37}$$

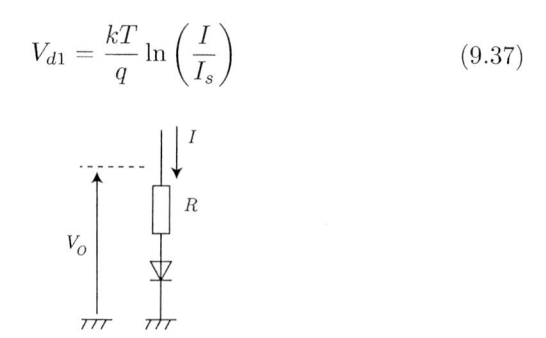

図 9.16 抵抗とダイオードの直列接続による温度補償

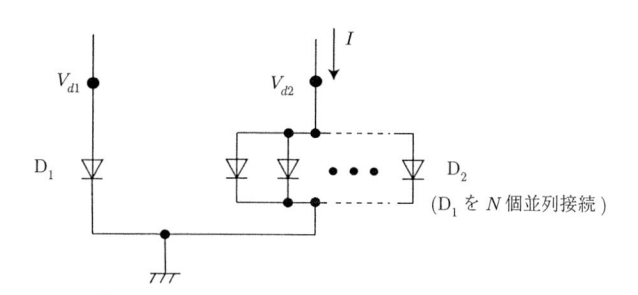

図 9.17 ダイオードの立ち上がり電圧の差を利用して正の温度係数をもつ電圧を生成する方法

となります.一方,D_2 では 1 個当たりに流れる電流は,I/N なので,D_2 の立ち上がり電圧 V_{d2} は

$$V_{d2} = \frac{kT}{q}\ln\left(\frac{\frac{I}{N}}{I_s}\right) = \frac{kT}{q}\ln\left(\frac{I}{NI_s}\right) \tag{9.38}$$

となります.したがって,これら二つの並んだ回路間に現れる電圧 ΔV_d は

$$\Delta V_d = V_{d1} - V_{d2} = \frac{kT}{q}\ln\left(\frac{I}{I_s}\right) - \frac{kT}{q}\ln\left(\frac{I}{NI_s}\right) = \frac{kT}{q}\ln(N) \tag{9.39}$$

となります.したがって温度係数は

$$\frac{d}{dT}\Delta V_d = \frac{k}{q}\ln(N) \tag{9.40}$$

となり,常に正の値をもち,ダイオードの面積比 N で決まる値となります.

この ΔV_d を検出して温度が変化しても一定の電圧を出力する回路を図 9.18 に示します.上で述べた 2 種類のダイオードが電流ミラー回路に接続され,各々に同じ大きさの電流 I が流れます.ここで左側の電流ミラー回路は,pMOS と nMOS の電流ミラーが 2 段接続されています.このように接続すると,nMOS

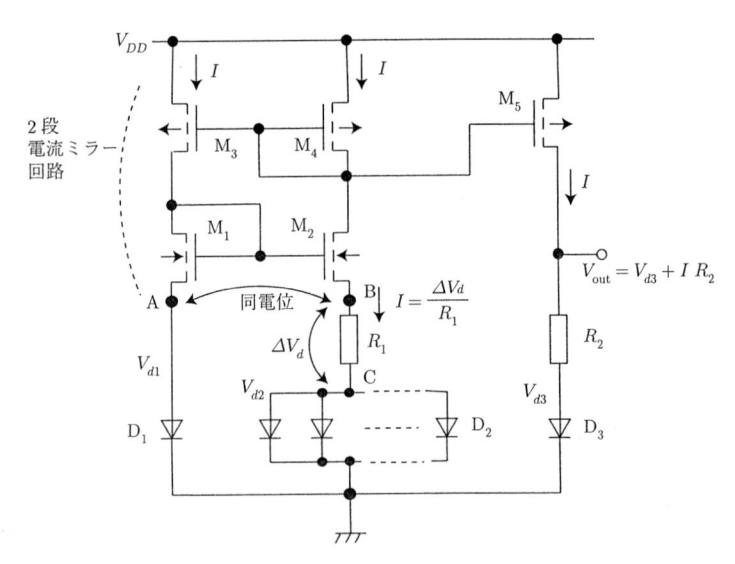

図 **9.18** バンドギャップ基準参照電源回路

の下側の A 点,B 点の電位を同一にすることができます (章末の演習問題 9.3).
つまり,A 点の電位が V_{d1} であると B 点の電位も V_{d1} となります.

一方,C 点の電位は,上で学んだように V_{d2} ですから,B 点と C 点の電位差,すなわち抵抗 R_1 の両端の電位差は,$V_{d1} - V_{d2} = \Delta V_d$ となります.R_1 の両端に電位差 ΔV_d が発生していますから,抵抗 R_1 に流れる電流,すなわち電流ミラー回路に流れる電流は $I = \Delta V_d / R_1$ となります.この電流 I をさらにもう一つの電流ミラー回路で右側の D_3 と抵抗 R_2 が接続されている回路に流します.すると図の V_out は

$$\begin{aligned} V_\text{out} &= V_{d3} + IR_2 \\ &= V_{d3} + \frac{\Delta V_d}{R_1} R_2 \\ &= V_{d3} + \Delta V_d \frac{R_2}{R_1} \end{aligned} \tag{9.41}$$

となります.V_{d3} は負の温度係数を,ΔV_d は正の温度係数をもつので,R_2/R_1 の比を適切に設定すると,V_out を温度によらない一定の値にすることができます.

問 9.10 V_{d3} が温度係数が $-1.7[\text{mV/K}]$ であるとき,完全な温度補償を行うためには $(R_2/R_1) \ln(N)$ をいくらにすれば良いか.

V_out の値は約 $1.25[\text{V}]$ となります.これは Si の絶対零度におけるバンドギャップに相当する電圧です.このようになる理由は,飽和電流 I_s がバンドギャップ E_G に依存する値だからです.この性質から,このような回路をバンドギャップ基準参照 (band gap reference) 電源回路と呼びます.

なお,R_1 に流れる電流,すなわち電流ミラー回路に流れる電流は

$$I = \frac{\Delta V_d}{R_1} = \frac{kT}{qR_1} \ln(N) \tag{9.42}$$

となり,絶対温度 T に比例する値となります.そのため,PTAT (proportional to absolute temperature) 電流とも呼ばれています.

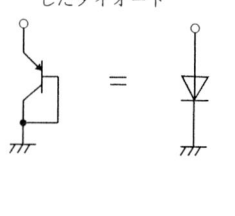

図 9.19　CMOS における pn 接合ダイオードの作り方

9.6　アナログ回路素子

9.6.1　pn 接合ダイオード

ところで前節で述べた回路に出てくる pn 接合ダイオードは，どのように作るのでしょうか．最も良く用いられる方法は，CMOS 構造の中に作られる寄生バイポーラトランジスタを利用することです．図 9.19(a) に，n ウェル構造に形成されるバイポーラトランジスタを改めて描きます．このバイポーラトランジスタを図 9.19(b) のように接続することで，エミッタ/ベース接合を利用したダイオードを作ることができます．

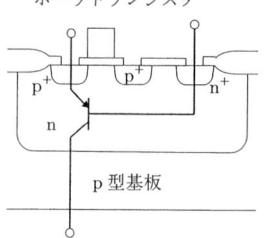

この例のように，集積回路内の素子はできるだけ CMOS 構造を作る工程を利用して作るようにし，製造に要するエネルギーとコストの抑制に努めます．

9.6.2　レイアウト

フォトリソグラフィーを基本とする集積回路の製造技術は，素子の特性値の絶対精度を確保するのは得意ではありません．その要因は，素子の寸法 L や W が $L \pm \Delta L, W \pm \Delta W$ というように，ばらついてしまうことにあります．もちろん，寸法のばらつきの影響が小さくなるように，L, W を大きくすると精度は高まりますが，回路の専有面積が大きくなり，生産性が低下してしまいます．

一方，集積回路の製造技術は，隣り合う素子の特性値の比を高い精度で設計値に近付けることは得意です．集積回路には，この比精度が高いという性質を利用する回路が用いられますし，また，比精度をできるだけ向上させるレイア

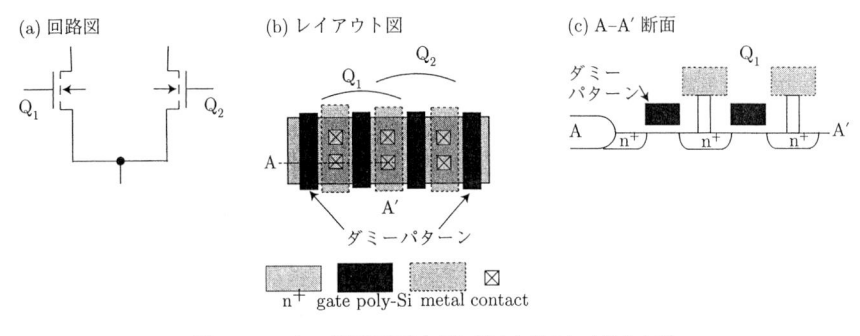

図 9.20 アナログ回路向けトランジスタ対のレイアウト例

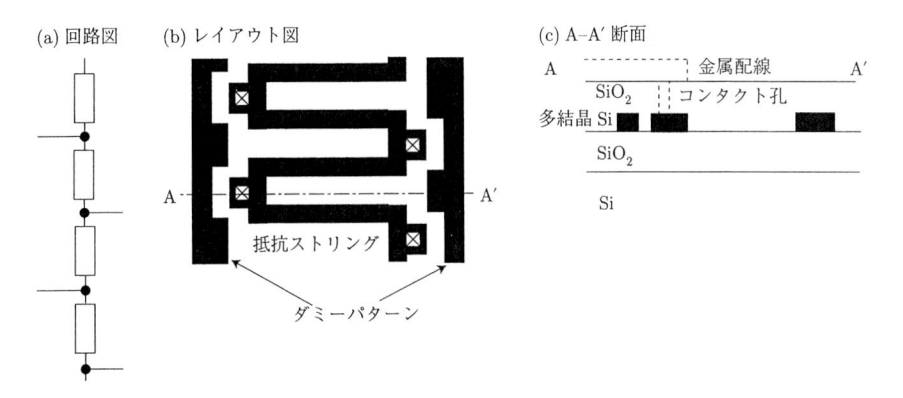

図 9.21 抵抗のストリング (直列接続) のレイアウト例

ウト上の工夫がなされます.

その一つにダミーパターンの配置があります. ダミーパターンを, トランジスタ対を例にして図 9.20 に示します. 一対のトランジスタのゲート電極の両側に, ゲートと同じ多結晶 Si のダミーパターンを配置して, 一つのゲート電極からみて左右が対称になるようにします. ダミーパターンを配置する理由は以下のとおりです.

ゲート電極を加工する際に利用するドライエッチングにおいては, エッチング速度はパターンの密集度によって変化し, 密集度が大きいほどエッチング速度は低下します[†]. 周囲のパターンの影響が及ばないように, ダミーパターンを

[†] ローディング効果と呼びます.

両側にそれを囲むように配置し，どのゲート電極もエッチング速度が両側で等しくなるようにするわけです．さらに多くのゲート電極を並べて配置する場合にも同様の理由で両端にダミーパターンを配置して周囲のパターンの影響を避けるようにします．

もう一つの例として，多結晶 Si によって形成される抵抗を直列に接続したものを図 9.21 に示します．これは次章で述べるフラッシュ型 AD 変換器などに利用されます．

演習問題

9.1 図 5.12 に示したようにゲートとドレインを接続した場合，MOSFET の抵抗はおよそ $1/g_m$ となることを示しなさい．

9.2 nMOSFET の自由電子の移動度が $\mu_n=0.05[\text{m}^2/\text{Vs}]$ であるとき，$\beta=\mu_n C_{OX} = 80 \times 10^{-6}[\text{A/V}^2]$ とするには，ゲート酸化膜の厚さ t_{OX} はいくらにすればよいか．$\varepsilon_{OX} = 3.9$ とする．

9.3 図 9.18 にある 2 段電流ミラー回路において，nMOS 対の下側の A 点，B 点の電位が同一になることを説明せよ．

9.4 pn 接合の理論的解析から，逆方向飽和電流 I_s は以下のように表される．

$$I_s = Aqn_i^2 \left(\frac{D_n}{L_n} \frac{1}{N_A} + \frac{D_p}{L_p} \frac{1}{N_D} \right) \tag{9.43}$$

$$n_i = 2 \left(\frac{2\pi m_n kT}{h^2} \right)^{\frac{3}{2}} \exp\left(-\frac{E_G}{2kT} \right) \tag{9.44}$$

ここで，m_n は半導体中の自由電子の質量，h はプランク定数である．この I_s の温度依存性から式 (9.35) を導け．ただし，キャリヤの拡散長 L_n, L_p，キャリヤの拡散係数 D_n, D_p，およびバンドギャップ $E_G = E_C - E_V$ の温度依存性は無視できる程度に小さいとする．

10. アナログ–ディジタル変換

　自然界はアナログ量を用いて表現されますが，アナログ量をディジタル量に変換 (A–D 変換) して記録することで同じ情報を様々な機器で利用することや，情報の加工，つまりコンピューティングが可能になります．ディジタル情報を自然界に戻すには，ディジタルからアナログに変換 (D–A 変換) して出力すれば良いわけです．A–D 変換，D–A 変換は情報の利用促進に大きく貢献しているといえます．

10.1　A–D 変 換 器

　A–D 変換の性能指標には，分解能 (精度) と変換速度があります．消費電力が小さいのが好ましいのはいうまでもありません．A–D 変換器は種々の方式が開発されていますが，おおむね精度を上げると速度が低下するという傾向があります．ここでは典型的な二つの方式について学んでみましょう．

10.1.1　A–D 変換の原理

　A–D 変換は，図 10.1 に表すような水位計で，刻々と変わる波の高さを測定することにたとえられます．水位計には目盛が打ってあります．図の場合，等間隔の 16 の目盛です．十進数で表した水位計の目盛と水面の位置を比較し，それを記録して二進数に変換することを繰り返し行うことで A–D 変換ができます．

　なお，二進数表示の最も上位の桁を MSB (most significant bit)，最も下位の桁を LSB (least significant bit) と呼びます．LSB が水位計の目盛の最小間隔を表すことになります．

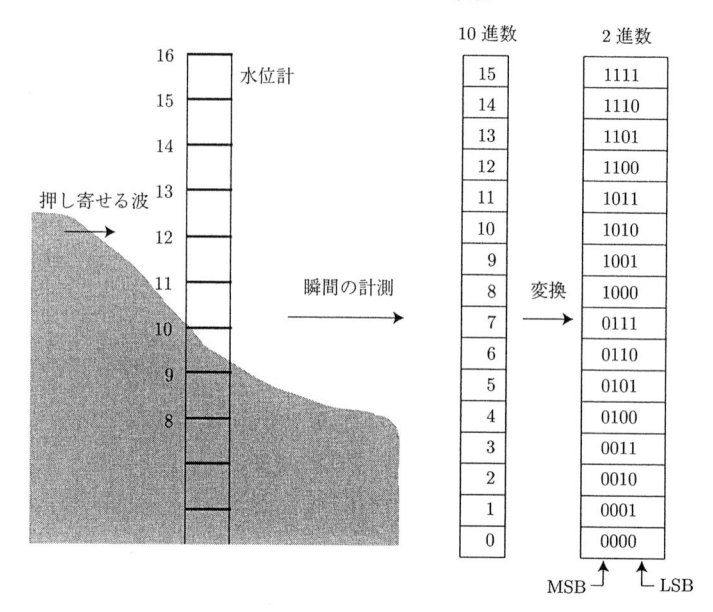

図 10.1 水位計による波の計測と A–D 変換

10.1.2 フラッシュ型 A–D 変換器

図 10.2 にフラッシュ型 A–D 変換器の構成を示します．図 10.1 の水位計に相当するのが直列に接続した抵抗です．正，負の信号を考えて最高値 $+V_\text{ref}$，最低値 $-V_\text{ref}$ の基準電圧を，2^N 個の値の等しい抵抗で分圧します．N はディジタル変換した後のビット数です．目盛の間隔は，$2V_\text{ref}/2^N$ となります．この分圧した電圧と測定すべき入力電圧 V_in を比較するために，図のように比較器 (comparator) 列を用います．比較器は，図 10.3(b) のように，基準となる電圧 V_r と入力電圧 V_in とを比較し，その差 $\Delta V_\text{in} (= V_\text{in} - V_r)$ が正のときは高いビット電圧 V_{OH} を，ΔV_in が負のときは低いビット電圧 V_{OL} を出力するものです．いま仮に，図 10.2 の A 点よりも高く，B 点よりも低い電位にあるとすると，A 点よりも下段にある比較器はすべて "1" を出力し，それよりも上にある比較器は "0" を示します．比較器の出力を EXOR ゲートの列に入力すると，A 点の位置にある EXOR ゲートのみが "1" を出力するため V_in の電位がわかります．これをディジタル信号に符号化 (encode) することでディジタル

10.1 A–D 変換器

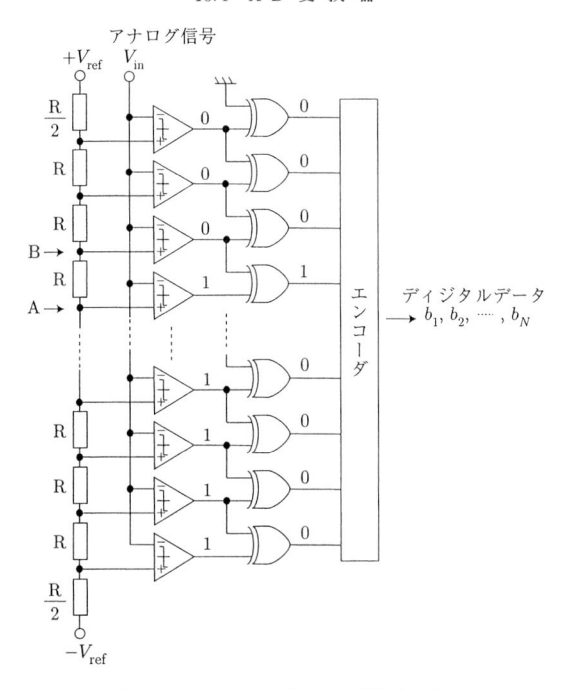

図 10.2 フラッシュ型 A–D 変換器の構成

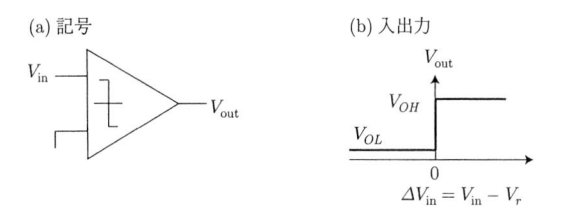

図 10.3 比較器 (コンパレータ) の機能

データに変換することができます．

この方式では，クロック ϕ で制御されたタイミングで瞬時的に A–D 変換を行うことができることから，フラッシュ型と名付けられています．高速で変換することが可能ですが，2^N 個の抵抗や $2^N - 1$ 個の比較器および EXOR ゲートを用意する必要があることから，分解能 N を大きくするには不向きであり，また抵抗列を貫通する電流が常に流れるために消費電力が大きいという欠点が

あります.

 比較器には差動 MOSFET 回路を用いるものもありますが，フラッシュ型 A–D 変換器の場合には多数の比較器を用いる必要があるため，トランジスタ数が少なくて済む図 10.4(a) のような回路が良く用いられます．この回路の動作を説明しておきます．クロック ϕ_1 で S_1 を閉じてキャパシタ C の一端を V_in にします．これと同時に，S_3 も閉じてインバータの入力と出力を接続します．入力電圧と出力電圧が等しくなるのでインバータの入力，つまり B 点の電位はインバータの論理しきい値 V_c となります．よってキャパシタ C には，電位差 $V_\text{in} - V_c$ に相当する電荷が蓄えられます．

 続いてクロック ϕ_2 で S_1 を開いて C を V_in から切り離すと同時に S_3 も開きます．その後，S_2 を閉じて比較すべき電圧 V_r に接続します．すると $V_r - (V_\text{in} - V_c)$ がインバータに入力されることになります．インバータは V_c からの差分，すなわち，$V_r - V_\text{in}$ を $A = -dV_\text{out}/dV_\text{in}$ 倍して出力するので，

$$V_\text{out} = V_c + A\left(V_r - V_\text{in}\right) \tag{10.1}$$

が出力されます．A は十分大きく，インバータ出力電圧の最大値は V_{OH} であるので，$V_\text{in} > V_r$ の場合には $V_\text{out} \simeq V_{OH}$ が出力されることになります．

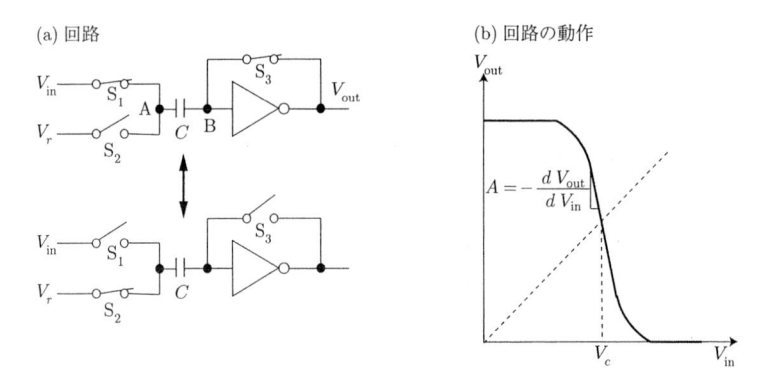

図 10.4 比較器の例

10.1.3　逐次比較型 A–D 変換器

ある時刻の入力 V_{in} の値を保持しておき，それと比較する電圧を変えながら比較を繰り返してディジタル信号へ符号化する方式です．図 10.5(a) にその回路構成を示します．入力信号をサンプル・ホールド (sample and hold, S/H) 回路により標本として採取し，保持します．保持した入力信号を，まず，MSB を 1 とするディジタル信号，つまり信号全幅 (full scale, FS) の 1/2 の電圧と比較器を用いて比較します．この FS の 1/2 の電圧は，図中の逐次比較レジスタに MSB=1，ほかは 0 の符号を与え，それを D–A 変換することによって発生します．いま仮に，入力電圧 V_{in} が図 10.5(b) に示す水準にあるとすると，V_{in} の方が D–A 変換器の出力よりも高い電位にあるので，比較器は "1" を出力します．この "1" を逐次比較レジスタに送ります．その結果，A 点には FS の 3/4 の電圧が発生します．これは入力信号よりも大きいので，比較器出力は "0" となります．これを逐次比較レジスタに送ります．この操作を逐次比較レジスタの全ビットが完了するまで繰り返すことで逐次比較レジスタにディジタルデータが生成されることになります．

S/H 回路は，キャパシタンスとアナログスイッチを組み合わせたもので，キャパシタンスへ入力電圧を書き込んだ後にスイッチを開放して電圧 (電荷) を保持することによって実現できます．ただし，アナログ信号の場合，スイッチの開

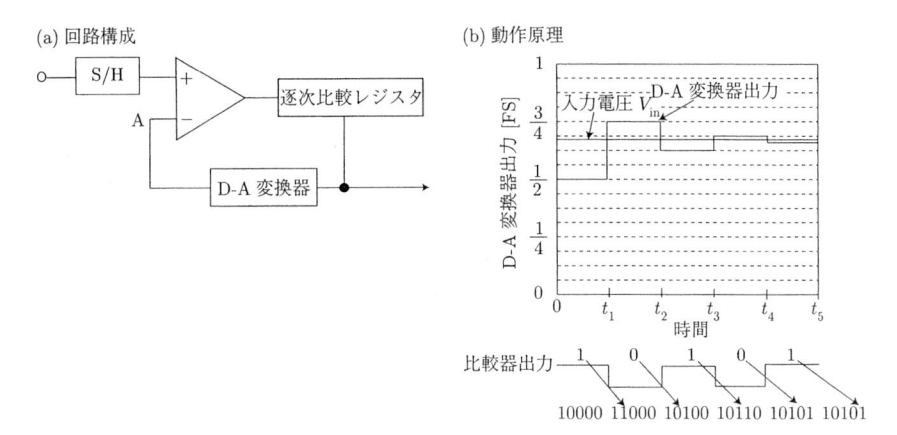

図 10.5　逐次比較型 A–D 変換器

放時にアナログスイッチを構成するトランジスタ内の電荷の分配によって保持する電圧に変化が生じるなど，特有の現象が発生するのでそれらへの対策が必要になります．

10.2 D–A 変換器

10.2.1 D–A 変換器の原理

D–A 変換器は，図 10.6 のように，ディジタルデータを入力し，アナログ信号を電圧あるいは電流として出力するものです．アナログ信号とディジタル信号の間には一般に

$$A_o = \frac{1}{2^N}\left(b_1 2^0 + b_2 2^1 + b_3 2^2 + \cdots + b_N 2^{N-1}\right) = \frac{1}{2^N}\sum_{i=1}^{N} b_i 2^{i-1} \quad (10.2)$$

という関係をもちます．この式の $\sum_{i=1}^{N} b_i 2^{i-1}$ という重み付けを行うための回路によって，D–A 変換器はいくつかの方式に分類できます．

10.2.2 容量列型 D–A 変換器

重み付けをキャパシタへの電荷の配分によって実現するもので，図 10.7(a) にその回路を示します．単位容量 C_0 の 2^{i-1} $(i = 1 \sim N)$ 倍の大きさの容量を配置し，ディジタルデータ $b_1 \sim b_N$ によって各容量に接続されたスイッチをオンして参照電圧 V_r を分圧して電圧出力を得るものです．

図 10.7(a) は図 10.7(b) のような等価回路に表すことができます．ここで b_i は "1" のビットでありスイッチをオンし，$\overline{b_i}$ は "0" のビットでスイッチをオフするものを表します．V_o を出力する点は，もともと電荷をもっていたわけではありませんから，スイッチがどのように動作しても出力点の電荷の総和はゼロのままです．したがって

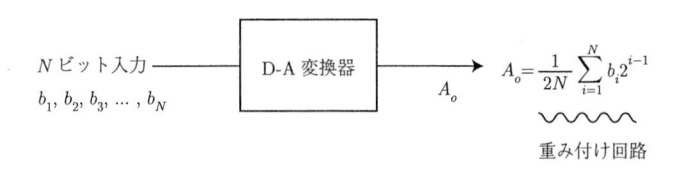

図 10.6 D–A 変換器の原理

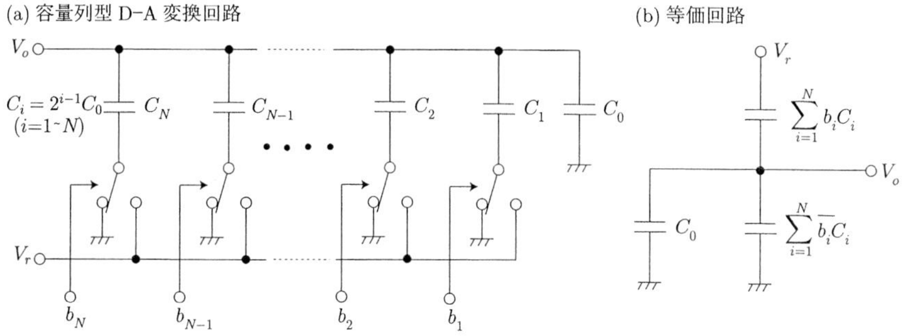

10.2 D-A 変換器

(a) 容量列型 D-A 変換回路　　(b) 等価回路

図 10.7　容量列型 D-A 変換器

$$(V_r - V_o)\sum_{i=1}^{N} b_i C_i = V_o\left(C_0 + \sum_{i=1}^{N} \overline{b_i} C_i\right) \tag{10.3}$$

が成り立ちます．これより

$$V_o = \frac{\sum_{i=1}^{N} b_i C_i}{C_0 + \sum_{i=1}^{N} b_i C_i + \sum_{i=1}^{N} \overline{b_i} C_i} V_r \tag{10.4}$$

となります．この式の分母は，容量列の容量の総和 C であり，$C_i = 2^{i-1}C_0$ とすると

$$C = C_0 + \sum_{i=1}^{N} 2^{i-1} C_0 = C_0 \left(1 + \sum_{i=1}^{N} 2^{i-1}\right) = 2^N C_0 \tag{10.5}$$

となります．よって

$$V_o = \frac{\sum_{i=1}^{N} b_i 2^{i-1} C_0}{2^N C_0} V_r = \frac{V_r}{2^N} \sum_{i=1}^{N} b_i 2^{i-1} \tag{10.6}$$

となり，ディジタルデータ b_i に相当する電圧 V_o が得られます．

10.2.3　R-2R 型 D-A 変換器

はしご型に接続した抵抗を使って電圧または電流を分配し，重み付けを行う回路です．図 10.8 にその回路を示します．b_i が "1" のときは，スイッチは電圧 V の定電圧源に接続し，"0" のときは接地に接続します．

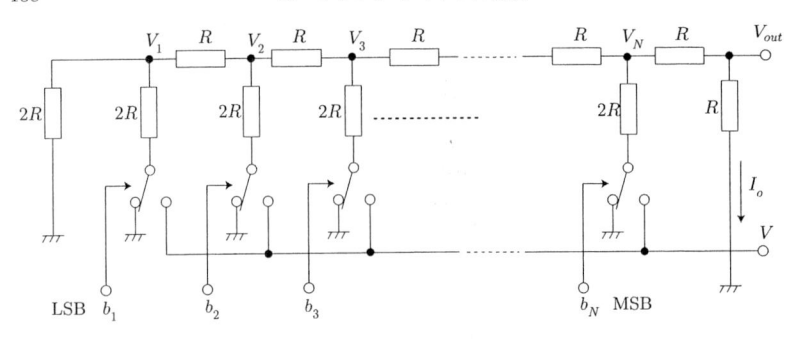

図 10.8　R–2R 型 D–A 変換回路

　この回路の動作を理解するために，具体的に $N=4$, $b_2=b_3=1$, $b_1=b_4=0$ の場合について考えてみることにします．この場合の回路は，図 10.9(a) のようになります．この回路において，最右端の抵抗 R の流れる電流 I_o を求めてみます．I_o が求まれば $V_\text{out} = I_o R$ より V_out が求まります．線形回路では，重ね合わせの考え方が成り立つので，$b_2=1$, $b_1=b_3=b_4=0$ の場合の I_o と $b_3=1$, $b_1=b_2=b_4=0$ の場合の I_o を足し合わせることで $b_2=b_3=1$, $b_1=b_4=0$ の場合の電流 I_o を求めることができます．一つの定電圧源の寄与分を求めるとき，ほかの定電圧源は内部抵抗がゼロ，すなわち短絡として考えることができます．この考え方を使って $b_2=1$, $b_1=b_3=b_4=0$ のときの回路を書き換えると，図 10.9(b) のツリー状構造となります．

　さて，このツリー状構造を注意深くみてみると，V_2 点からみて左側も右側も $2R$ の抵抗と等価になることがわかります．すなわち，図 10.9(d) のように単純化できます．したがって，定電圧点から流れ出る電流 I は，左右に等しく $1/2$ ずつ分流されます．このツリー状構造では，どの段においても左右が $2R$ の等価な抵抗になります．そのため，右側に分流された電流はさらに次の段で $1/2$ に分流されます．その結果，$b_2=1$ という信号によって，最右端の抵抗 R には $I_o = (1/2)^3 I$ の電流が流れます．

　$b_3=1$, $b_1=b_2=b_4=0$ の場合のツリー状回路を図 10.9(c) に示します．この場合も同様に，左右が $2R$ の抵抗で分岐されることと等価になり，$b_3=1$ という信号によって $I_o = (1/2)^2 I$ の電流が流れます．

　上記の考え方を一般化し，かつ，図 10.9(d) から $IR = V/3$ という関係があ

10.2 D-A 変換器

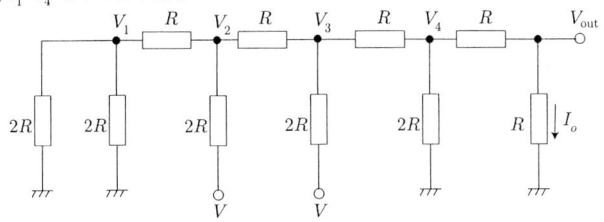

(a) $b_2=b_3=1$, $b_1=b_4=0$ のときの回路

(b) $b_2=1$, $b_1=b_3=b_4=0$ としたときのツリー状回路

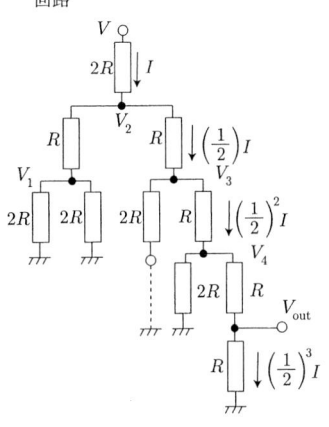

(c) $b_3=1$, $b_1=b_2=b_4=0$ としたときのツリー状回路

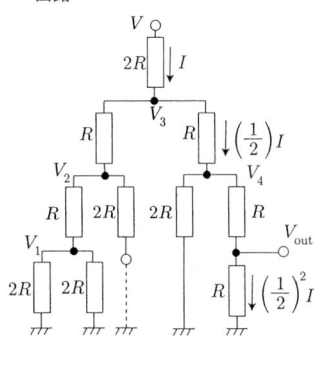

(d) ツリー構造の等価回路

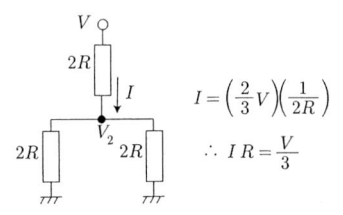

$$I = \left(\frac{2}{3}V\right)\left(\frac{1}{2R}\right)$$

$$\therefore IR = \frac{V}{3}$$

図 10.9　R–2R 型回路の具体例 ($N = 4$)

ることがわかりますから，結局，V_{out} として以下を得ます．

$$V_{\text{out}} = \frac{V}{3} \sum_{i=1}^{N} \frac{1}{2^N} b_i 2^{i-1} \tag{10.7}$$

演習問題

10.1
(1) フラッシュ型 A–D 変換器において，抵抗から取り出される電圧階段誤差は最小階段電圧 (1LSB) の 1/2 以下に抑えなければならない．$\pm V_{\text{ref}} = \pm 0.5[\text{V}]$ の 8 ビット A–D 変換器においては，この値はいくらになるか．
(2) 半導体や金属では，2 点間に温度差があると起電力を生ずる．これを熱起電力と呼ぶ．熱起電力は材料によって異なり，その大きさを表す指標をゼーベック係数と呼ぶ．いま，ゼーベック係数が 1[mV/K] の多結晶 Si 薄膜を抵抗として利用する 8 ビット A–D 変換器を作製する場合，抵抗の両端に許容される温度差はいくらか．
(3) フラッシュ型 A–D 変換器において V_{ref} を大きくすれば精度を向上できるが，一方で問題も生じる．どのような問題が考えられるか．

10.2
(1) 8 bit のフラッシュ型 A–D 変換器に必要な比較器の数はいくらか．
(2) 図 10.4 の $S_1 \sim S_3$ に CMOS アナログスイッチを用いるこの比較器を使って 8 bit のフラッシュ型 A–D 変換器を作る場合，比較器に必要なトランジスタの数はいくらか．

11. イメージセンサー

　物体を映像化する装置をイメージセンサーと呼び，電子式カメラには必ず搭載されています．特殊用途以外は半導体を使った集積回路として製造されます．図 11.1 にイメージセンサーの概念を示します．被写体のイメージはレンズを通してイメージセンサーの撮像面に結像されます．撮像面には，光を電気信号に変換する光電変換素子をマトリクス状に配置しています．各光電変換素子は，光の強度に比例した電気信号が現れるので，この信号を垂直および水平方向に電気的に走査するようにして読み出し，画像として出力装置上に表示します．

　信号の取り出し方式の違いによって，"CCD" と "CMOS" 型に分類されます．CCD (charge coupled device) は電荷結合素子と訳され，光によって生じた電荷を転送して読み出す方式のものです．CMOS 型は，文字どおり CMOS 回路を使って信号を読み出す方式のものです．

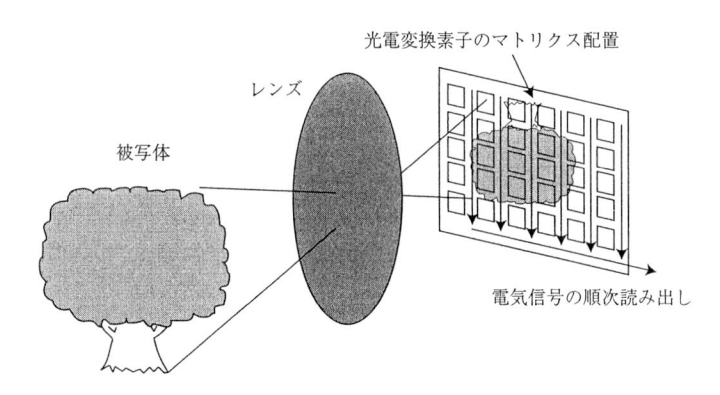

図 11.1　イメージセンサーの概念図

11.1 光電変換

半導体を用いて光電変換するには，pn 接合ダイオードを利用することができます．この目的のために設計したダイオードをフォトダイオードと呼びます．フォトダイオードに，半導体のバンドギャップよりも大きなエネルギーをもつ光を入射すると，図 11.2 に示すように，電子–正孔対が発生します．空乏層中で発生した電子–正孔対は，空乏層中の電界によって互いに反対方向に移動し，電流となります．電子–正孔対の生成率は光の強度に比例するので，光の強度を電流あるいは電荷量 (すなわち電圧) に変換できます．

Si の場合，バンドギャップが 1.12[eV] ですから，光の波長 λ とエネルギー E の関係式

$$E = h\nu = \frac{hc}{\lambda}$$

より，$\lambda = 1.1[\mu m]$ 以下の光に感度を示すことになります．ここで，h はプランク定数，ν は光の振動数，c は光の速度です．

また，Si 中に進入した光の強度は，電子–正孔対の発生を伴う吸収により，深さ方向には指数関数的に減少します．光の波長が短いほど，その減衰は大きく，光強度が半分になる深さは，表 11.1 のようになります．したがって，pn 接合の深さによって高い感度をもつ波長域が変化することになります．

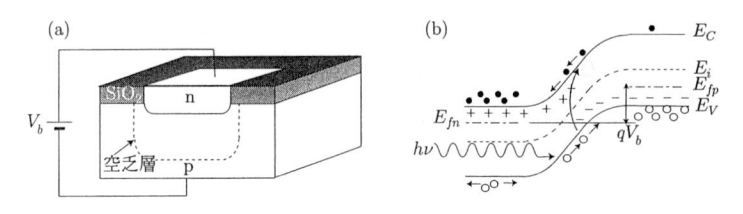

図 11.2　フォトダイオードによる光電変換
(a) フォトダイオードの構造, (b) 光電変換の原理

11.2 CCD イメージセンサー

表 11.1 光の色と吸収深さ (Si の場合)

色	波長	強度が半分になる深さ [μm]
紫	400	0.093
青	460	0.32
緑	530	0.79
黄	580	1.2
橙	610	1.5
赤	700	3.0

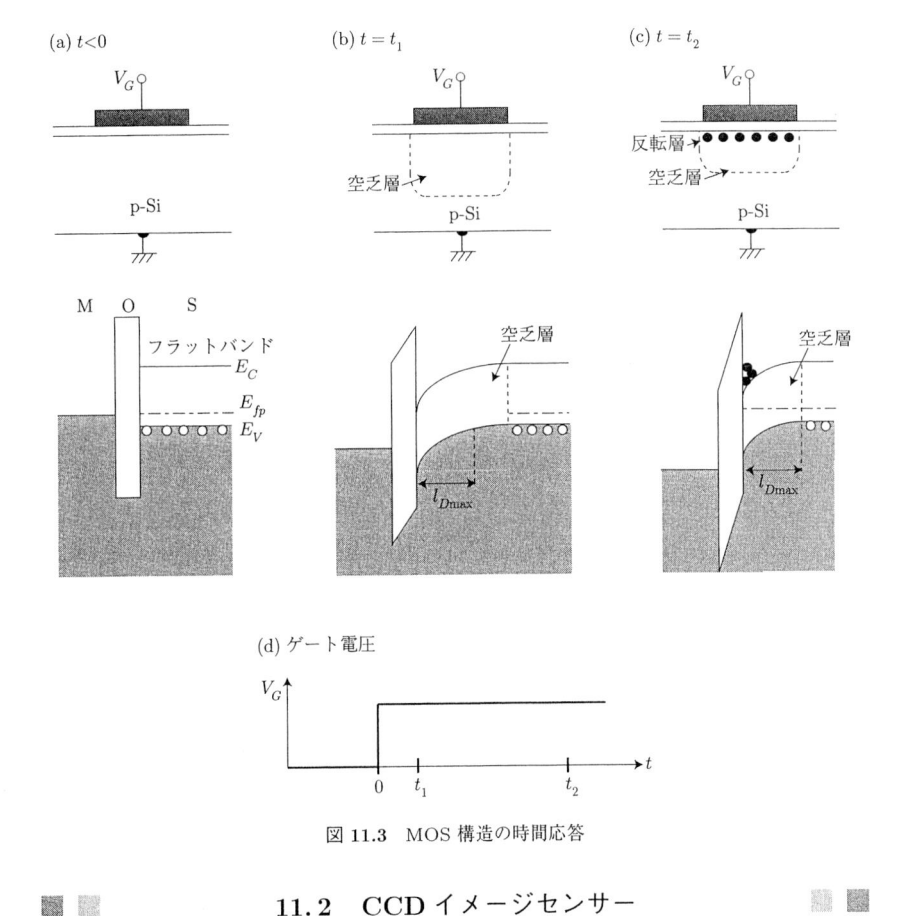

(a) $t<0$　　(b) $t=t_1$　　(c) $t=t_2$

(d) ゲート電圧

図 11.3　MOS 構造の時間応答

11.2　CCD イメージセンサー

11.2.1　MOS 構造の時間応答

CCD の基本は MOS 構造です．図 11.3 に MOS 構造のゲートに階段状の電圧を加えた場合の時間変化を示します．MOSFET では，反転層を形成するキャ

リヤはゲート電圧を加えてから速やかにソースから供給されますが，MOS 構造ではキャリヤが熱的にゆっくりと発生するため，反転層が形成された図 11.3(c) の状態に至るまでに数十秒以上の時間にわたって図 11.3(b) に示すような状態が続きます．この状態では，空乏層が熱平衡状態よりも深くまで存在するため，深い空乏 (deep depletion) と呼ばれます．CCD はこの状態を保っている間に以下のようにして信号電荷を転送します．

11.2.2 CCD の動作

CCD は，図 11.4(a) に示すように，MOS 構造を直線的に並べた構造をもちます．並んだゲートに順番に電圧を加え，信号によって発生した電荷を順次転送します．この図は 4 相 ($\phi_1 \sim \phi_4$) の電圧で駆動した場合の転送動作を模式的に表したものであり，図 11.4(b) は図 11.4(c) に示した各時刻における表面電位 ϕ_s を表しています．$t = t_2$ で G4, G8 の電位を下げて電荷を流しこみ，次いで $t = t_3$ で G2, G6 の電位を上昇させると，信号電荷を G3, G4 と G7, G8 の部分にゲート 1 個分だけ移動させたことになります．このように，いわば電位の井戸を発生させ，その場所を順次移動させることで信号電荷を転送するの

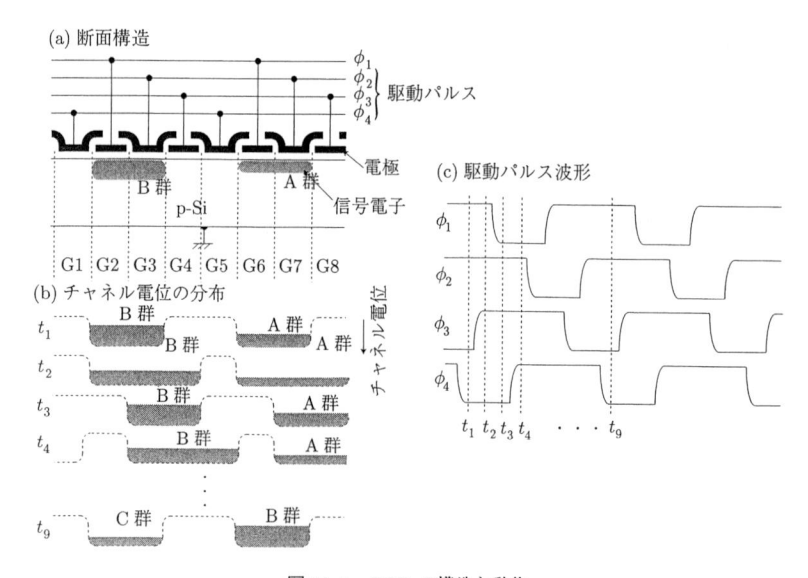

図 11.4 CCD の構造と動作

がCCDです．

ここでは駆動電圧が4相のものを例にしましたが，3相でも，また半導体表面のドーピング構造を工夫すれば2層による駆動も可能です．

11.2.3 CCDイメージセンサーの構成

図11.5にCCDを用いたイメージセンサーの構成を示します．フォトダイオードが生成した信号電荷を，垂直および水平方向に配列したCCDを用いて転送し，出力部分で電荷を電圧に変換して出力信号を得るものです．映像の最小単位を画素(pixel)と呼び，例えばVGA (video graphic array)と呼ばれる規格の場合，640×480の画素が配列されます．カラー画像を得るには，R (赤)，G (緑)，B (青)のカラーフィルターをもつ3つのフォトダイオードで1画素を構成することになります．

信号電荷の転送には何種類かの方式がありますが，ここに示したものはインターライントランスファ方式と呼ばれるもので，ビデオカメラやディジタルカメラに一般に用いられています．読み出しは，垂直方向に1行分転送した電荷を，水平方向に列数分転送することを繰り返して行います．転送している間に，キャリヤが熱的に発生すると，それは雑音になります．したがって，熱的なキャ

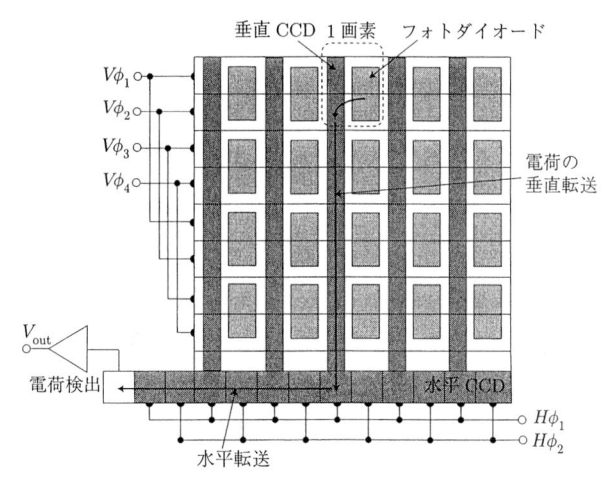

図11.5 CCDイメージセンサーの構成

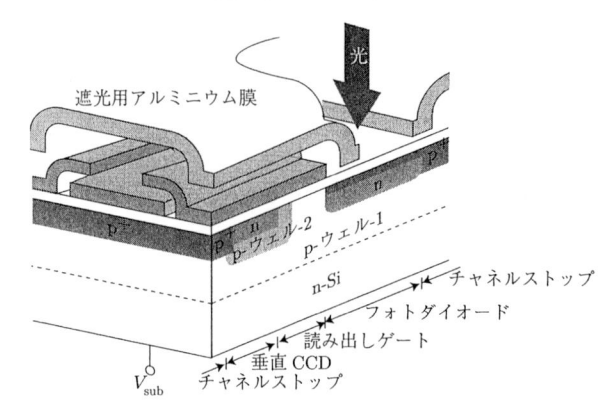

図 11.6 CCD イメージセンサーの構造例

リヤの発生をできるだけ抑制する素子設計とプロセス技術を用いて製造します.

図 11.6 に，一つの画素の素子構造の概要を示します．CCD のゲート電極は，MOSFET と同じように多結晶 Si を用います．CCD の上部には，Al 膜を形成して光を遮断し，余分な電荷の発生を防ぎます．

11.3 CMOS イメージセンサー

11.3.1 CMOS イメージセンサーの構成

図 11.7 に，CMOS イメージセンサーの構成を示します．CMOS イメージセンサーは，① フォトダイオードの信号を各画素ごとに設けた増幅回路によって信号を増幅して出力する点，② 映像信号の読み出しが，メモリー LSI と同様に，XY アドレス方式で行う点が CCD と異なります．各画素ごとに信号増幅を行う方式を一般に APS (active pixel sensor) と呼びます．増幅した信号を読み出すために，雑音が発生し難く，また，アドレス指定方式なので，例えば全体の一部を選択して映像化することが可能になるなど，走査方法の自由度が高いという特長があります．

11.3.2 画素回路とその動作

図 11.8 に，最も一般的な画素回路を示します．また，図 11.9 に，フォトダイオードの電圧 V_p の変化の例を示します．リセット線に電圧が加わると，リ

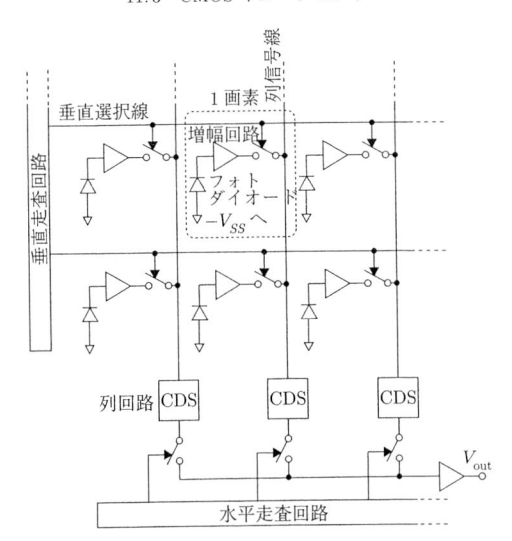

図 11.7 CMOS イメージセンサーの構成

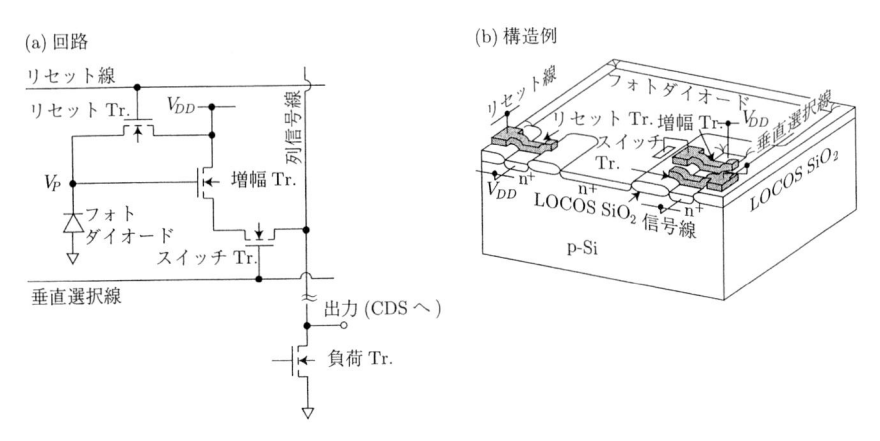

(a) 回路

(b) 構造例

図 11.8 CMOS イメージセンサーの画素

セット Tr. が ON になり，V_{DD} がフォトダイオードに接続されて，フォトダイオードが逆バイアスされます．別の見方をすると，フォトダイオードがもつ空乏層容量と増幅トランジスタ (Tr.) のゲート容量を合わせた容量を V_{DD} の電位に充電しているともいえます．充電された容量は，ダイオードに電流が流れなければ放電されることはないので，V_p は V_{DD} のまま保たれますが，ダイオー

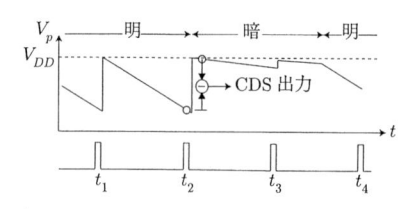

図 11.9　フォトダイオードの電圧 V_p の変化

ドに光が照射されると光電変換で発生したキャリヤによる電流で容量は放電され，V_p は減少します．したがって，光強度が大きいほど一定の放電時間における V_p の低下は大きく，出力電圧は大きく変化することになります．増幅 Tr. は読み出し回路部に接続された負荷 Tr. との増幅作用で，V_p の変化を増幅して出力します．

光が照射されない場合でもフォトダイオードには逆方向漏れ電流が流れるので，V_p は低下します．この電流は，暗電流と呼ばれ，できるだけ小さくするために，素子構造や製造プロセス上の工夫がなされます．

11.3.3　CDS

リセットした際，V_p が正確に V_{DD} になるのが理想ですが，ノイズなどの影響で必ずしもそのようにはなりません．また増幅 Tr. のしきい電圧のバラツキで出力が変化してしまいます．そこで V_p をリセットする直前と直後でサンプリングしてその差分を出力する相関二重サンプリング (correlated double sampling, CDS) という方法が CMOS イメージセンサーには用いられます．サンプリングするタイミングの例を図 11.9 中の信号波形に○印で示しています．

CDS の基本的な考え方は，サンプル・ホールド回路を使って信号電圧 V_s を先ずサンプル・ホールドし，次いでリセット直後にリセット電圧 V_R をサンプル・ホールドし，両者を差動増幅することです．CDS を行う回路としていくつかのものがあります．その内，最も素子数の少ない回路例を図 11.10 に示します．

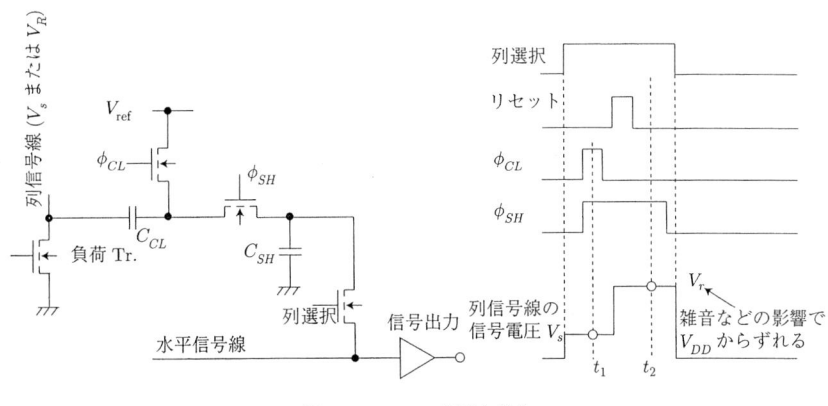

図 11.10 CDS 回路と動作

11.3.4 システムオンチップ

CMOS イメージセンサーの画素回路については，nMOS または pMOS のいずれか 1 種類のトランジスタで構成することができます．上の例では nMOS を使った場合で説明を進めてきました．これに対し，周辺回路は CMOS を用いるのが有利ですし，CMOS プロセスの中で画素回路も構成することができます．

さらに，CMOS を使うことで，図 11.11 に示すように，一つの LSI チップに A–D 変換器や画像信号処理器などを集積化したシステムオンチップ (system on a chip) を作ることが可能になります．例えばカメラシステムを考えます．カメラには，高画質化などの処理をしてコンピュータに直接出力する機能と，ビデオ信号としてアナログ信号に変換して出力する機能とを併せもつことが要求されます．CMOS イメージセンサーでは，複数の機能を一つのチップに集積化できるという大きな特長があります．

一方，システムオンチップが万能というわけではありません．例えば以下の

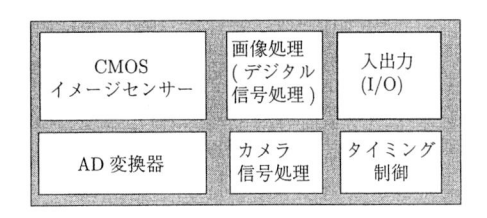

図 11.11 システムオンチップの構成例

点があげられます．画質を良くするには画素信号の精度を確保する必要があります．そのためには，イメージセンサーの電源電圧をある程度大きく保つ必要があります．一方，ディジタル信号処理を行う信号処理部の CMOS 回路は，処理データ量の増加に対応して高速化と低電力化を同時に達成するために，微細化して高集積化することが要求されます．微細化するには電源電圧を低下する必要がありますから，イメージセンサー部の要求と両立しない結果となります．一例として，画像圧縮などの高度な信号処理機能を低消費電力で行いたい場合には，信号処理部を別のチップとするシステム構成の方が良いといわれています．

CMOS イメージセンサーは，エッジ検出，パターンマッチング，解像度可変などの機能も集積化できるなどの特長をもつので，高機能のイメージセンサーとして，今後も発展が期待されます．

演習問題

11.1 図 11.3 に描いたように，p 型 Si 上に作成した CCD では自由電子が蓄積される Si 中の電位の極小点は半導体表面に位置する．一方，図 11.6 の構造図に示したように p 型 Si の表面に n 型層を設けると電位の極小点を表面よりも奥側にすることができる．これにより，信号電荷が界面の電子捕獲準位に捕獲される現象を避け，雑音の発生を抑制することができる．p 型 Si のみで作製したものを表面チャネル型，n 型層をもつものを埋込チャネル型と呼ぶ．n 型層の導入によって埋込チャネル型にできることを，電荷分布，電界分布，電位分布を描くことによって定性的に説明せよ．

11.2 図 11.10 に示した CDS 回路から，$V_R - V_s$ に比例した電圧信号が出力されることを示しなさい．

参 考 図 書

1) 古川静二郎・荻田陽一郎・浅野種正著：基礎電気・電子工学シリーズ『電子デバイス工学』(森北出版, 1990)
2) 宮尾正信・佐道泰造著：電気電子工学シリーズ『電子デバイス工学』(朝倉書店, 2007)
3) R. S. Muller, T. I. Kamins: *Device Electronics for Integrated Circuits* (Second Edition), (John Wiley and Sons, 1986)
4) 佐々木元・森野明彦・鈴木敏夫著：コンピュータサイエンス大学講座『LSI設計入門』(近代科学社, 1987)
5) 黒木幸令著：『学びやすい集積回路工学』(昭晃堂, 2005)
6) 角南英夫・川人祥二編著, 有本和民・石原　宏・川嶋将一郎・木村紳一郎・久米　均・篠原尋史・寺尾元康・森川貴博・興田博明・渡辺恭志著：半導体デバイスシリーズ2『メモリデバイス イメージセンサ』(丸善, 2009)
7) 佐野芳昭・中野富男・水戸野克治著：工学基礎のための電子回路3『集積回路設計の基礎』(森北出版, 1996)
8) 谷口研二著：半導体シリーズ『LSI設計者のためのCMOSアナログ回路入門』(CQ出版社, 2005)
9) 米本和也著：C&E基礎解説シリーズ『CCD/CMOSイメージ・センサの基礎と応用』(CQ出版社, 2003)

問および演習問題の解答

第 1 章

演習問題

1.1 均等に配列するとして 1 辺が 1[μm] の正方形.
1.2 $V_{DD}[1 - \exp(-t_d/C_L R)] = 0.9 V_{DD}$ より,$t_d = -\ln(0.1) \times C_L R$.
1.3 C_L の充電と放電を同じ時間で行うことで,信号の伝達速度をそろえられる,設計が容易になるから.
1.4 チップ面積 S を小さくすると,1 枚の Si ウェーハから多数のチップを製造でき,また,欠陥発生による良品率 (歩留まりと呼ぶ) の低下を抑えられる.ちなみに,欠陥がランダムに発生する場合,良品率はチップ面積の増大に伴い指数関数で低下する.

第 2 章

問 2.1 1×10^4[m/s].
問 2.2 2.25×10^{10}[m^{-3}].
問 2.3 4.14×10^{-21}[J] $= 0.0259$[eV].
問 2.4 0.0259[V].
問 2.5 0.87[V].
問 2.6 -0.7[V] のとき 1[fA]$= 10^{-15}$[A]. $+0.7$[V] のとき 5.47×10^{-4}[A].
問 2.7 $\exp(qV_d/kT) \geq 10$ で題意を満足するので,$V_d \geq (kT/q)\ln 10 = 0.06$[V] となる.

演習問題

2.1 (1) $R = \rho L/S = \rho L/tW$. よって $W = L$ のとき $R = R_\square = \rho/t = 1/\sigma t$. (2) $R_\square$ の定義から容易に導かれる. (3) $\sigma = qN_D\mu_n = 1.602 \times 10^{-19} \times 10^{24} \times 0.1 = 1.6 \times 10^4$[S/m]. ∴ $\rho = 1/\sigma = 6.25 \times 10^{-5}$[Ωm]. ∴ $R_\square = 62.5$[Ω].
2.2 (1) 多数キャリヤは自由電子で $n = N_D - N_A \simeq 10^{25}$[m^{-3}]. (2) 多数キャリヤは正孔で $p \simeq N_A = 10^{22}$[m^{-3}]. (3) A の領域で $E_{fn} - E_i \simeq kT \ln(N_D/n_i) = 0.0259 \times \ln[10^{25}/(1.5 \times 10^{16})] = 0.526$[eV]. B の領域で $E_i - E_{fp} = kT\ln(N_A/n_i) = 0.347$[eV]. よって以下の図になる.

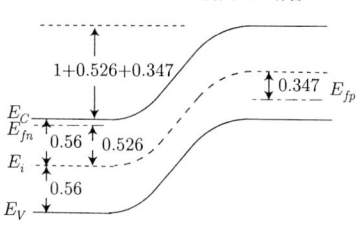

2.3 (1) 立ち上がり電圧付近では $\exp(qV_D/kT) \gg 1$ が成り立つので $I_D = I_s \exp(qV_D/kT)$. よって $V_D = kT/q \ln(I_D/I_s)$. (2) $V_D = 0.0259 \times \ln(10^{-3}/10^{-15}) = 0.716[\text{V}]$.

2.4
$$G_j(V_{d1}) = \frac{\partial I}{\partial V}|_{V=V_{d1}} = I_s \frac{q}{kT} \exp\left(\frac{qV_{d1}}{kT}\right)$$

$\exp(qV_{d1}/kT) \gg 1$ とすると，$I_{d1} \simeq I_s \exp(qV_{d1}/kT)$. よって $G_j(V_{d1}) = (q/kT) I_{d1}$.

第 3 章

問 3.1 $0.85[\text{V}]$.

問 3.2 $Q_{B\max} = 1.38 \times 10^{-4}[\text{C}/^2]$. $Q_{B\max}/C_{OX} = 0.02[\text{V}]$.

問 3.3 $2.3 \times 10^{-3}[\text{V}]$.

問 3.4 $0.23[\text{V}]$.

演習問題

3.1 ポアソン方程式を積分して $d\phi/dx = -(qN_A/\varepsilon_s\varepsilon_0)x + C_1$. $x = l_{D\max}$ で $d\phi/dx = 0$ より $d\phi/dx = -(qN_A/\varepsilon_s\varepsilon_0)(x - l_{D\max})$. これを積分して $x = 0$ で $\phi = 2\phi_F$ より $\phi = -(qN_A/\varepsilon_s\varepsilon_0)(x^2/2 - l_{D\max}) + 2\phi_F$. $x = l_{D\max}$ で $\phi = 0$ より式 (3.4) を得る．

3.2

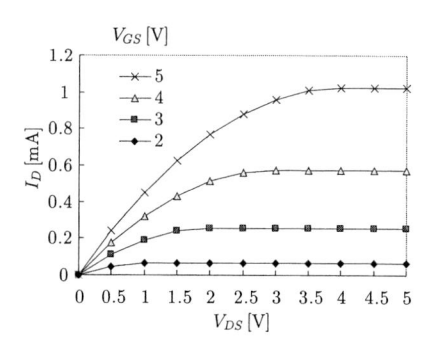

3.3 ゲートに加えられる最高電圧は $V_{G\max} = 10^9 \times t_{OX}$. よって $Q_{I\max} = C_{OX}V_{G\max} = \varepsilon_{OX}\varepsilon_0/t_{OX} \times 10^9 t_{OX} = \varepsilon_{OX}\varepsilon_0 \times 10^9 = 3.45 \times 10^{-2}[\text{C}/\text{m}^2]$. 電子密度は $n_{I\max} = Q_{I\max}/q = 2.16 \times 10^{17}[/\text{m}^2]$. 一方，Si 原子の平均的な面密度は $(5 \times 10^{28})^{2/3} =$

$1.36 \times 10^{19} [/\mathrm{m}^2]$. よっておよそ Si 原子 100 個に 1 個の割合となる.

3.4 グラフより $N_I = 10 \times 10^{15} [/\mathrm{m}^2]$ のとき $\Delta V_T = 5[\mathrm{V}]$. $C_{OX} = \varepsilon_{OX}\varepsilon_0/t_{OX} = qN_I/\Delta V_T$ より $t_{OX} = 108[\mathrm{nm}]$. P をドープした場合には図のように B の注入と対称になる.

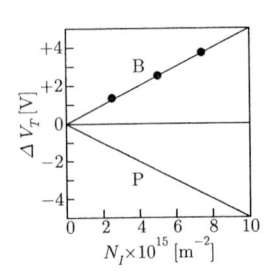

第 4 章

演習問題

4.1 アボガドロ数 $(= 6 \times 10^{23}$ 個) の Si 原子で 28[g] になるので, $2.3/28 \times 6 \times 10^{23} \simeq 5.0 \times 10^{22}[\mathrm{cm}^{-3}] = 5.0 \times 10^{28}[\mathrm{m}^{-3}]$.

4.2 厚さ t_{OX} の SiO_2 中に占める Si の割合は $(2.27/60)/(2.33/28) = 0.45$. したがって, $t_1 : t_2 = 0.45 : 0.55$.

4.3 $t_{OX} = B\sqrt{t}$ より追加する時間は 90[min].

4.4 (1) 式 (4.1) より, 最大濃度は $x = R_p$ にて $1.6 \times 10^{24}[\mathrm{m}^{-3}]$. 接合深さは $N(x) = 10^{21}[\mathrm{m}^{-3}]$ となる x を求めることで 156[nm]. (2) BF_2 のうち B がもつ運動エネルギーは $11/(11+19+19) \times 98[\mathrm{keV}] = 22[\mathrm{keV}]$. よって, 22[keV] の B の値を用いて最大濃度は $1.3 \times 10^{26}[\mathrm{m}^{-3}]$, 表面での濃度は $3.7 \times 10^{24}[\mathrm{m}^{-3}]$.

第 5 章

問 **5.1** 大きくなる.
問 **5.2** 大きくなる.
問 **5.3** 2.26[fF].
問 **5.4** $f_T = g_m/2\pi C_{GS} = (3\mu/4\pi)(V_{GS} - V_T)/L^2$ より, L を小さくする. また, μ の大きな材料を用いるのが有利.

演習問題

5.1 (1) E 型で $V_{DS} = V_{GS} \geq = V_{GS} - V_T$ であるから, 常に飽和状態で動作. よって $\sqrt{I_D} = \sqrt{\mu C_{OX}(W/L)}(V_{GS} - V_T)$. (2)(3) 上式より, 切片は V_T を表し, 傾きは $\sqrt{\mu C_{OX}(W/L)}$ を表す. (4) $\sqrt{I_D}$ 対 V_{GS} グラフの切片より $V_T = +1.0[\mathrm{V}]$. グラフの傾きは $8 \times 10^{-3}[\sqrt{\mathrm{A}}/\mathrm{V}]$. $\therefore \mu_n C_{OX} W/L = 64 \times 10^{-6}[\mathrm{A}/\mathrm{V}^2]$. これより $\mu_n = 0.019[\mathrm{m}^2/\mathrm{Vs}]$.

5.2 (1) $V_{BS} = 0$ のときの $\sqrt{I_D}$ 対 V_{GS} 特性より $V_T = +1.0[\text{V}]$. (2) $\phi_F = (kT/q)\ln(N_A/n_i) = 0.288[\text{V}]$. 与えられた特性から $V_{BS} = -2.2[\text{V}]$ のとき $\Delta V_T = 0.25[\text{V}]$, $V_{BS} = -6.1[\text{V}]$ のとき $\Delta V_T = 0.5[\text{V}]$. これらを式 (5.18) に代入して $\gamma = 0.274[\sqrt{\text{V}}]$. 式 5.19 より $C_{OX} = 6.65 \times 10^{-4}[\text{F/m}^2]$. よって $t_{OX} = 5.2[\text{nm}]$. 与えられた特性の $\sqrt{I_D}$ 対 V_{GS} プロットの傾きは $7.07 \times 10^{-3}[\sqrt{\text{A}}/\text{V}]$. よって $\sqrt{W}L = 1.5$.

5.3 図 5.8 のプロットを実行すると $2L_D = 2.8[\mu\text{m}]$, $2R_s = 5[\text{k}\Omega]$ と求まる. よって (1) $R_s = 2.5[\text{k}\Omega]$, (2) $L = 7.2[\mu\text{m}]$.

5.4 $C_{GS} = 2.26 \times 10^{-15}[\text{F}]$ を式 (5.31) に代入して $f_T = 2.63 \times 10^{11}[\text{Hz}]$.

第 6 章

問 6.1 V_{OL}：小さくなる. V_{OH}：変わらない. V_C：小さくなる.

問 6.2 $\mu_n \simeq 2\mu_p$, すなわち $\beta_n > \beta_p$ であり, V_C が $V_{DD}/2$ よりも小さくなる.

問 6.3 V_{OH} が V_{DD} よりも小さくなり, 入力 Low の間, 貫通電流が流れ続ける.

問 6.4 第 1 項目は

$$\frac{C_L}{\beta_n}\frac{1}{V_{DD}-V_{Tn}}\frac{2(0.2V_{DD}-0.1V_{DD})}{V_{DD}-0.2V_{DD}} = \frac{1}{4}\frac{C_L}{\beta_n}\frac{1}{V_{DD}-V_{Tn}} \quad (1)$$

第 2 項目は

$$\frac{C_L}{\beta_n}\frac{1}{V_{DD}-V_{Tn}}\ln\left(\frac{20\times 0.8V_{DD}}{V_{DD}}-1\right) \simeq 2.7\frac{C_L}{\beta_n}\frac{1}{V_{DD}-V_{Tn}} \quad (2)$$

よって, 第 1 項 $\ll$ 第 2 項といえる.

問 6.5 省略

演習問題

6.1 駆動 MOS の直列接続を避けるため.

6.2 pMOS を並列, nMOS を直列接続とした方が高速になるから.

6.3 第 2 項目だけを考慮するということは, $t = 0$ において $V_O = V_{DD} - V_{Tn}$ にあることと等価であるから

$$\tau_{ON} \simeq \frac{C_L}{\beta_n}\frac{1}{V_{DD}-V_{Tn}}\ln\left(\frac{20(V_{DD}-V_{Tn})}{V_{DD}-V_{Tn}}-1\right) \quad (3)$$

$$= \ln(19)\frac{C_L}{\beta_n}\frac{1}{V_{DD}-V_{Tn}} \quad (4)$$

$$\simeq 3\frac{C_L}{\beta_n}\frac{1}{V_{DD}-V_{Tn}}. \quad (5)$$

6.4 (1) $\beta_n = 2.60 \times 10^{-4}[\text{A/V}^2]$. $\beta_p = 1.04 \times 10^{-4}[\text{A/V}^2]$. (2) $V_{OH} = 5[\text{V}]$, $V_{OL} = 0[\text{V}]$. 式 (6.6) に値を代入して $V_C = 2.16[\text{V}]$. (3) 式 (6.19) に値を代入して $\tau_{OFF} = 3.00 \times 10^{-11}[\text{s}] + 3.25 \times 10^{-10}[\text{s}] = 335[\text{ps}]$. 式 (6.18) に値を代入して $\tau_{ON} = 1.20 \times 10^{-11}[\text{s}] + 1.30 \times 10^{-10}[\text{s}] = 142[\text{ps}]$.

6.5 (1) わずかに大きくはなるがほぼ不変といえる. (2) $2.20[\text{V}]$. (3) $2.10[\text{V}]$.

第 7 章

問 **7.1** (a) 22 個, (b) 22 個, (c) 16 個.
問 **7.2** 省略.
問 **7.3** (例) 上段の回路において, $A = B = C = 1$ のとき, 出力端の上に直列接続されている二つの pMOS の間の節点 (三つの pMOS が接続されている節点) が電気的に浮遊する.
問 **7.4** 省略.
問 **7.5** 省略.
問 **7.6** 省略.
問 **7.7** 20 個.

演習問題

7.1 (1) 3 入力 NAND, NOT, NOR のいずれも FI=1 (参考：フリップフロップのリセットは FI=2). (2) 図の回路で FO=3 なので許容される.
7.2 二つの入力が異なる場合, 一方の pMOS ともう一方の nMOS が同時に ON になるため, 出力が $0 \sim V_{DD}$ の間の値となり正常値を出力しない. また, 貫通電流が流れるため, MOSFET の破壊にいたる場合もある.
7.3 式 (7.1) より許容される消費電力 $P = 1.8[\text{W}]$. $P = fC_L V_{DD}^2 = f \times 10^6 \times 0.1 \times 0.05 \times 10^{-12} \times 5^2$ より $f=14[\text{MHz}]$ 以下.

第 8 章

問 **8.1** 必要な信号の組み合わせを $O_n = (A_0 \text{ の値}, A_1 \text{ の値})$ で表すと $O_1 = (0,0)$, $O_2 = (1,0)$, $O_3 = (0,1)$, $O_4 = (1,1)$.
問 **8.2** $\Delta V_{bl} = V_{bl} - V_{pr} = (4.5 - 2.5)/(1 + 10) = 0.182[\text{V}]$.
問 **8.3**

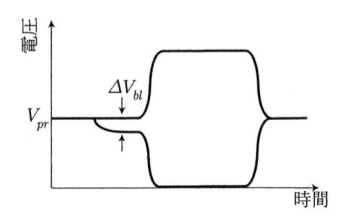

問 **8.4** 問は, 4[nm] で 3.2[V] の電位差を作ることと等価であるから, SiO_2 中の電界は $3.2[\text{V}]/4[\text{nm}] = 0.8[\text{V/nm}]$. よって SiO_2 の両側の電位差は $0.8[\text{V/nm}] \times 10[\text{nm}] = 8[\text{V}]$ となる.

演習問題

8.1 プリデコードした場合：$t_{Dp} = t_I + 2t_{N2} = 0.8[\text{ns}]$, プリデコードしない場合：$t_D = t_I + t_{N4} = 1.0[\text{ns}]$.
8.2 (1) $C_s = (\varepsilon_{\text{SiN}} \varepsilon_0 / t_{\text{SiN}}) S = 30[\text{fF}]$. (2) $(V_c - V_{pr})(1 + C_{bl}/C_s) \geq 30[\text{mV}]$ で正常に

読み出しが可能. よって, $V_c - V_{pr} \geq 30[\text{mV}] \times (1 + 250[\text{fF}]/30[\text{fF}]) = 0.28[\text{V}]$ であれば良い. $V_c - V_{pr}$ が $5 - 2.5 = 2.5[\text{V}]$ から $0.28[\text{V}]$ まで漏れ電流によって下がるまでの時間 t_{REF} は, $t_{REF} = (2.5 - 0.28) \times (30 \times 10^{-15})/(5 \times 10^{-14}) = 1.3[\text{s}]$.
8.3 (1) $C_{FG} = 2.12[\text{fF}]$. (2) $3.18 \times 10^{-15}[\text{C}]$. (3) 約 1 個/日.

第 9 章

問 **9.1** 図 9.1(a) の回路図と比較すると, ①は GND(0 V), ②は V_{DD} であることがわかる.
問 **9.2** ドレイン電流 I_D は, ゲートバイアス V_{GSM} による直流電流 $(\beta/2)(V_{GSM} - V_T)^2$ と交流信号 v_{in} によって流れる電流 $g_m v_{\text{in}} = \beta(V_{GSM} - V_T)v_{\text{in}}$ の和になる.
問 **9.3** $\beta = \mu C_{OX} W/L = 0.50 \times 7.1 \times 10^{-4} \times 5 = 1.78 \times 10^{-3}[\text{A/V}^2]$, $g_m = \beta(V_{GS} - V_T) = 1.78 \times 10^{-3} \times (2.5 - 1.0) = 2.66 \times 10^{-3}[\text{S}]$ よって $A_{vs} = -(100 \times 12)/(100 + 12) \times 10^3 \times 2.66 \times 10^{-3} = -28.5$.
問 **9.4** 28.6.
問 **9.5** 0.97.
問 **9.6** 省略.
問 **9.7** $A_d = -28.5$ (ソース接地と同じ). $A_c = -2.71$.
問 **9.8** 省略.
問 **9.9** 温度が上昇すると主に $I_s(\propto n_i^2)$ の増大の効果で電流は増えるので温度係数は正.
問 **9.10** R_1, R_2 は同じ温度係数をもつとしてよいから R_2/R_1 は温度によらないので,

$$\frac{d}{dT}\left(\Delta V_d \frac{R_2}{R_1}\right) = \frac{R_2}{R_1} \frac{d}{dT} \Delta V_d = \frac{R_2}{R_1} \frac{k}{q} \ln(N) \tag{6}$$

よって求める値は,

$$\frac{R_2}{R_1} = \frac{1.7 \times 10^{-3}[\text{V/K}]}{\frac{1.38 \times 10^{-23}}{1.602 \times 10^{-19}}[\text{V/K}]} = 20 \tag{7}$$

とすればよい.

演習問題

9.1 ダイオード接続した MOSFET では $V_{GS} = V_{DS} > V_{GS} - V_T$ であるので, 下の図に示す I_D 対 $V_{GS}(V_{DS})$ 特性となる. したがって, 任意の V_{DS} において MOSFET の抵抗は $(\Delta V_{DS}/\Delta I_D) = 1/g_m$ となる. この抵抗成分に r_D が並列に加わることになるが, 通常は

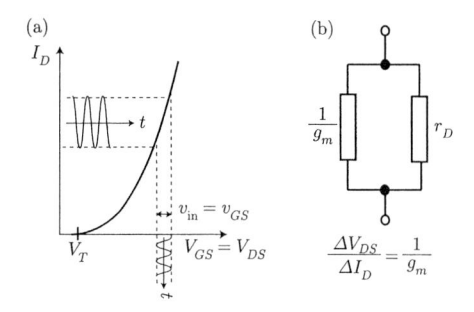

$r_D \gg 1/g_m$ であるので,MOSFET に抵抗は $1/g_m$ となる.

9.2
$$\mu_n C_{OX} = \mu_n \frac{\varepsilon_{OX}\varepsilon_0}{t_{OX}} = 80 \times 10^{-6} \ [\text{A/V}^2] \tag{8}$$

$$\therefore t_{OX} = \frac{\mu_n \varepsilon_{OX}\varepsilon_0}{80 \times 10^{-6}} = \frac{0.07 \times 3.9 \times 8.854 \times 10^{-12}}{80 \times 10^{-6}}$$
$$= 3.0 \times 10^{-8} [\text{m}] = 30 [\text{nm}] \tag{9}$$

9.3 M_3, M_4 の p チャネル電流ミラー回路が同一の電流 I を n チャネル電流ミラーを構成する M_1, M_2 に供給する.同一電流が流れる M_1, M_2 はゲート/ソース間が同じ電位差になるはずであるので,電流 I が変動したとしても A, B 点は同電位になる.

9.4
$$\frac{\partial V_D}{\partial T} = \frac{V_D}{T} + \frac{kT}{q}\frac{\partial}{\partial T}\left[\ln\left(\frac{I_D}{I_s}\right)\right] \tag{10}$$

I_s は
$$I_s = KT^3 \exp\left(-\frac{E_g}{kT}\right) \tag{11}$$

と書ける.ここで K は温度によらない定数で $K = AqN\left[(D_n/L_n)(1/N_A) + (D_p/L_p)(1/N_D)\right]$.
$\ln I_s = y$ とおいて計算を進めると

$$\frac{\partial}{\partial T}\ln I_s = \frac{\partial y}{\partial I_s}\frac{\partial I_s}{\partial T} \tag{12}$$

$$= \frac{1}{I_s}\frac{\partial}{\partial T}\left[KT^3 \exp\left(-\frac{E_g}{kT}\right)\right] \tag{13}$$

$$= \frac{3}{T} + \frac{E_g}{kT^2} \tag{14}$$

よって
$$\frac{\partial V_D}{\partial T} = \frac{1}{T}\left(V_D - \frac{3kT}{q} - \frac{E_g}{q}\right) \tag{15}$$

第 10 章

演習問題

10.1 (1) 1LSB=$1/2^8 \simeq 4$[mV]. (2) 前問の答から 2[mV] 以下にする必要があるから 2[°C]. (3) 抵抗列を流れる定常電流が増加するため消費電力が大きくなる.

10.2 (1) $2^8 - 1 = 255$ 個. (2) $S_1 \sim S_3$ に各々 2 個ずつ,インバータに 2 個で一つの比較器に合計 8 個のトランジスタとなる.これが 255 個いるので,合計 2040 個.

第 11 章

演習問題

11.1

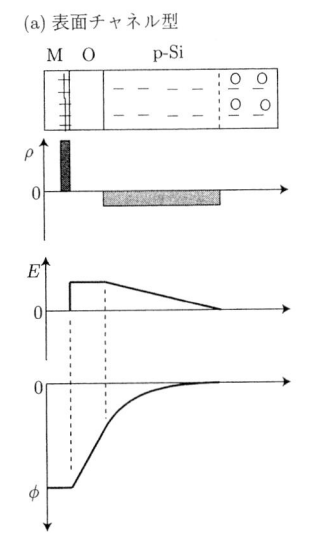

(a) 表面チャネル型

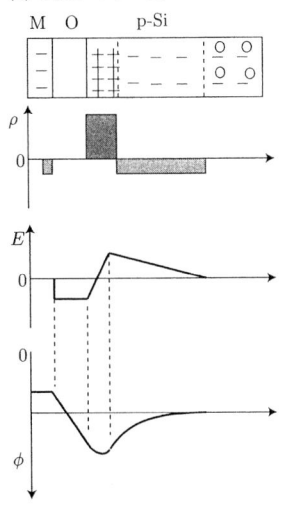

(b) 埋込チャネル型

11.2 $t = t_1$ では，図 (a) の状態であり，C_{CL}, C_{SH} に蓄えられる電荷はそれぞれ $Q_{CLt1} = C_{CL}(V_{\text{ref}} - V_s)$, $Q_{SHt1} = C_{SH}V_{\text{ref}}$.

$t = t_2$ では，図 (b) のように，二つのキャパシタを接続したノード側に $Q_{CLt1} + Q_{SHt1}$ が蓄えられており，C_{CL} の反対側の端子にリセット信号 V_R が入る状態．重ね合わせが成り立つので，この状態は図 (c)+図 (d) の状態と等価である．図 (c) で出力端子に現れる電圧 V_{out1}

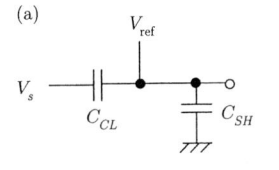

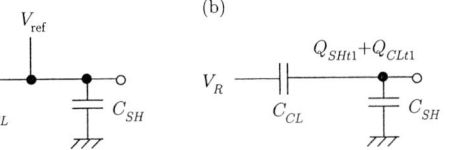

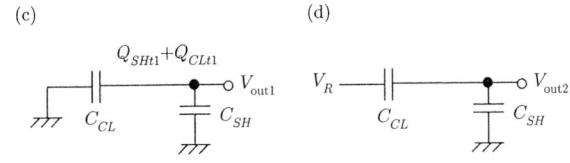

は

$$V_{\text{out1}} = \left(= \frac{Q}{C}\right) = \frac{C_{CL}\left(V_{\text{ref}} - V_s\right) + C_{SH} V_{\text{ref}}}{C_{CL} + C_{SH}} \tag{16}$$

$$V_{\text{out2}} = \frac{C_{CL}}{C_{CL} + C_{SH}} V_R \tag{17}$$

よって

$$V_{\text{out}} = V_{\text{out1}} + V_{\text{out2}} = V_{\text{ref}} + \frac{C_{CL}}{C_{CL} + C_{SH}}\left(V_R - V_s\right) \tag{18}$$

索　引

欧　文

A–D 変換　131
APS　146

CCD　141
CDS　148
CMOS　6
CMOS イメージセンサー　146
CMOS スイッチ　88
CMP　45, 52
CMRR　118
CVD　45, 51

D–A 変換器　136
D–FF　90
DL　90
DRAM　94, 99
D 型 MOSFET　36
D フリップフロップ　90
D ラッチ　90

EEPROM　97
EXOR　84
E 型 MOSFET　36

FeRAM　98, 106
FI　92
FO　92

GSI　3

LDD　46
LOCOS　43
LSB　131
LSI　3

MOSFET　5, 25
MOS 型電界効果トランジスタ　25
MRAM　98
MSB　131
MSI　3

NAND　81
NAND 型フラッシュメモリー　105
nMOS　5
nMOSFET　5
NOR　83
NOR 型フラッシュメモリー　104
n ウェル　46
n 型半導体　13

OP アンプ　122

pMOS　5
pMOSFET　5
PROM　108
PTAT　127
p ウェル　45

R–2R 型 D–A 変換器　137

RIE　52
ROM　97

S/H 回路　135
shallow trench　45
SRAM　98
SSD　94
SSI　3
STI　43

ULSI　3

VGA　145
VLSI　3

wired AND　93
wired OR　93

ア　行

アインシュタインの関係式　22
アクセプタ　15
アスペクト比　50
アナログ集積回路　1
アバランシェ効果　102
暗電流　148

イオン注入　45, 51
位相補償用キャパシタ　123
移動度　10
異方性エッチング　47
イメージセンサー　141

索　引

インターライントランスファ
　　　方式　145
インバータ　6

ウェル　45

エネルギー障壁　17
エネルギーバンド図　12
エミッタ　38
演算増幅器　122
エンハンスメント型
　　　MOSFET　36

カ　行

回路設計　53
化学機械研磨　52
化学気相堆積　45, 51
拡散　17
拡散係数　22
拡散電位　17
拡散方程式　23
拡散律速　54
画素　145
価電子帯　12
カラーフィルター　145

記憶用キャパシタ　99
記憶容量　95
寄生抵抗　48, 58
寄生バイポーラトランジスタ
　　　128
寄生容量　48, 58
機能設計　53
基板　25
基板バイアス係数　62
基板バイアス効果　61
逆相増幅回路　112
逆方向バイアス　19
逆方向飽和電流　19
キャリヤ　9
吸収深さ　143
行デコーダ　95

強誘電体　106
強誘電体メモリー　98, 106
禁止帯　12
禁止帯幅　12
金属シリサイド　48

空乏近似　30
空乏層　20
空乏層容量　21
駆動トランジスタ　68
組み合わせ論理回路　81
クロックインバータ　91

ゲート　25
ゲート酸化膜　46
ゲート接地増幅回路　112
光電変換　142
光電変換素子　21
個別半導体素子　1
コレクタ　38
コンタクト　50

サ　行

再結合　11
最大空乏層幅　30
雑音余裕　70
差動増幅回路　114
差動入力電圧　116
差動利得　117
サリサイド　49
サンプル・ホールド　135

しきい電圧　29, 46
磁気抵抗効果メモリー　98
自己整合プロセス　49
システムオンチップ　149
室温　10
実効的な伝達コンダクタンス
　　　59
質量作用の法則　14
シート抵抗　24

自発分極　106
写真蝕刻　42
遮断周波数　65
集積回路　1
集積回路チップ　1
自由電子　9
出力抵抗　57
寿命　23
順序回路　81
順方向バイアス　19
小信号等価回路　110
小信号モデル　57
少数キャリヤ　14
真性半導体　11
　——のキャリヤ密度　11
　——のフェルミ準位　16

スケーリング則　77
図式解法　69
スタックドゲートトランジス
　　　タ　101
スパッタ　52

制御ゲート　101
正孔　10
正相増幅回路　113
線形領域　35
センスアンプ　95
選択酸化　43

相関二重サンプリング　148
相補型 MOS　6
素子間分離　38, 43
ソース　25
ソース接地増幅回路　110,
　　　122, 123

タ　行

ダイオード特性　19
多結晶 Si　46
多数キャリヤ　14
多層配線　50

索　引

立ち上がり電圧　20, 124
多入力ゲート　85
タブ　46
ダミーパターン　129
ターンオフ　72
ターンオン　73

逐次比較型 A–D 変換器　135
逐次比較レジスタ　135
チップ　1
チャネルストップ　38
チャネル長変調係数　63
チャネルドーピング　32
中性領域　20

抵抗の温度係数　124
抵抗負荷型インバータ　68
抵抗率　12
ディジタル集積回路　1
定常状態　23
デコーダ　96
デプレーション型 MOSFET　36
電圧源　55
電圧制御電流源　55
電界効果トランジスタ　27
電荷結合素子　141
電子–正孔対　142
伝達ゲート　88
伝達コンダクタンス　56, 58
伝達特性　68
伝導帯　12
電流源　55
電流増幅率　40
電流の式　22

等価回路　21
同相除去比　118
同相入力電圧　116
同相利得　117
導電率　12

ドナー　13
ドーピング　13
ドープ　13
ドレイン　25
ドレイン接地増幅回路　113, 122
トンネル現象　103

ナ　行

なだれ効果　102

入力容量　63, 65

熱 CVD　46
熱酸化　43, 51
熱平衡状態　17

ハ　行

バイポーラトランジスタ　38
薄膜トランジスタ　98
パストランジスタ　88
発生速度　23
パッド酸化膜　43
バッファ　76
反転層　26
反転増幅器　6
バンドギャップ　12
バンドギャップ基準参照電源回路　127
反応性イオンエッチング　52
反応律速　54

ビア配線　50
比較器　132, 134
ビット線　95
比例縮小則　77
ピンチオフ　34, 64

ファンアウト　92
ファンイン　92
フィールド酸化膜　43
フィールド領域　38

フェルミ準位　13, 16
フォトダイオード　142
フォトマスク　42
フォトリソグラフィー　42
フォトレジスト　42
深い空乏　144
負荷容量　68
不揮発メモリー　97
複合論理ゲート　86
符号化　132
浮遊ゲート　101
フラッシュ型 A–D 変換器　132
フラッシュメモリー　102
フラットバンド　28, 30
フラットバンド電圧　32
プリチャージ　99
プリデコード方式　97

平均射影飛程　54
ベース　38

ポアソン方程式　23
飽和領域　36
ホットエレクトロン　102
ホットキャリヤ　102
ホットホール　102
ボディ効果　61
ボディ効果係数　62

マ　行

マスク ROM　97, 108

メモリー LSI　94
メモリーセル　95

ヤ　行

容量列　137
容量列型 D–A 変換器　136

ラ　行

ライブラリ　53

ラッチアップ 79

利得段 122

レイアウト設計 53

列デコータ 95
連続の式 22

ローディング効果 129
論理しきい値 70

論理振幅 70
論理設計 53

ワ 行

ワード線 95

著者略歴

浅野 種正 (あさの たねまさ)

1953年　茨城県に生まれる
1979年　東京工業大学大学院総合理工学研究科修士課程修了
現　在　九州大学大学院システム情報科学研究院教授
　　　　工学博士

電気電子工学シリーズ 7
集積回路工学
定価はカバーに表示

2011年 4月15日　初版第1刷
2020年 1月25日　　　第2刷

著　者　浅　野　種　正
発行者　朝　倉　誠　造
発行所　株式会社　朝　倉　書　店
　　　　東京都新宿区新小川町 6-29
　　　　郵便番号　162-8707
　　　　電話　03(3260)0141
　　　　FAX　03(3260)0180
　　　　http://www.asakura.co.jp

〈検印省略〉

© 2011〈無断複写・転載を禁ず〉

中央印刷・渡辺製本

ISBN 978-4-254-22902-8　C 3354　Printed in Japan

JCOPY　〈出版者著作権管理機構 委託出版物〉

本書の無断複写は著作権法上での例外を除き禁じられています．複写される場合は，そのつど事前に，出版者著作権管理機構（電話 03-5244-5088, FAX 03-5244-5089, e-mail: info@jcopy.or.jp）の許諾を得てください．

〈 電気電子工学シリーズ 〉

岡田龍雄・都甲　潔・二宮　保・宮尾正信
[編集]

JABEEにも配慮し，基礎からていねいに解説した教科書シリーズ
［A5判　全17巻］

1	電磁気学	岡田龍雄・船木和夫	192頁
2	電気回路	香田　徹・吉田啓二	264頁
4	電子物性	都甲　潔	164頁
5	電子デバイス工学	宮尾正信・佐道泰造	120頁
6	機能デバイス工学	松山公秀・圓福敬二	160頁
7	集積回路工学	浅野種正	176頁
9	ディジタル電子回路	肥川宏臣	180頁
11	制御工学	川邊武俊・金井喜美雄	160頁
12	エネルギー変換工学	小山　純・樋口　剛	196頁
13	電気エネルギー工学概論	西嶋喜代人・末廣純也	196頁
17	ベクトル解析とフーリエ解析	柁川一弘・金谷晴一	180頁